让普通人快速成为
物联网专家

物联网普及小百科

王正伟 ◎著

台海出版社

图书在版编目（CIP）数据

物联网普及小百科 / 王正伟著. — 北京：台海出版社, 2021.8

ISBN 978-7-5168-3088-8

Ⅰ.①物… Ⅱ.①王… Ⅲ.①物联网—普及读物 Ⅳ.①TP393.4-49②TP18-49

中国版本图书馆CIP数据核字(2021)第160329号

物联网普及小百科

著　　者：王正伟

出 版 人：蔡　旭　　　　　　　　　　封面设计：邢海鸟
责任编辑：魏　敏　　　　　　　　　　策划编辑：陈伟男

出版发行：台海出版社
地　　址：北京市东城区景山东街20号　　邮政编码：100009
电　　话：010—64041652（发行，邮购）
传　　真：010—84045799（总编室）
网　　址：www.taimeng.org.cn/thcbs/default.htm
E-mail：thcbs@126.com

经　　销：全国各地新华书店
印　　刷：河北盛世彩捷印刷有限公司
本书如有破损、缺页、装订错误，请与本社联系调换

开　　本：710毫米×1000毫米　1/16
字　　数：275千字　　　　　　　　　　印　　张：17.75
版　　次：2021年8月第1版　　　　　　印　　次：2021年8月第1次印刷
书　　号：ISBN 978-7-5168-3088-8

定　　价：68.00元

序 言

十年来，"物联网到底是什么"这个命题一直伴随着我的工作，我曾无数次被问到，也曾无数次回答这道难题。至少目前，在产业界对于物联网还没有标准答案。

因为物联网本身就是一个衍生物，从它的名字由来就能感觉到，IoT（Internet of Things，即"万物相连的互联网"）里蕴含着浓浓的互联网基因。可是物联网又不是单纯的一个网络，人们既可以从技术角度去理解，也可以从产业角度去寻找答案。所以物联网就成了一个大箩筐，各种新技术、各种智慧行业都能装进去。

作为国内最早的物联网领域的专业组织，我所在的中关村物联网产业联盟，应该是全球范围内最先从产业方向介入物联网的。多年来，我们服务了数以千计的物联网企业、机构以及相关的政府部门，因此也有机会看到物联网行业的实际发展情况。本书是我从工作实际出发，结合几年来对于各种技术和产业问题的思考，不断总结出来的一些对于物联网的理解。希望能够带给准备从事或者正处在物联网行业中的朋友们一点启发。

物联网将给人类的生产生活带来更加广阔而深刻的影响，物联网时代正向我们走来！在此谨向所有致力于物联网产业发展的朋友们，致以崇高的敬礼！

愿我们共同迎接物联网下一个辉煌的十年！

C目 录
ONTENTS

基础篇

应用篇

展望篇

基础篇

1 什么是物联网基础设施

▶ 首先要看清物联网基础设施建设的机会，提出来并加以分析。这不仅关乎着大量的物联网企业，同时也是一个信息化发展的大命题。

1.基础设施的定义是什么

基础设施主要包括交通运输、机场、港口、桥梁、通信、水利及城市供排水、供气、供电设施和提供无形产品或服务于科教文卫等部门所需的固定资产，它是一切企业、单位和居民生产、经营、工作和生活的共同的物质基础，是城市主体设施正常运行的保证，既是物质生产的重要条件，也是劳动力再生产的重要条件。

基础设施建设具有所谓的"乘数效应"，即能带来几倍于投资额的社会总需求和国民收入。一个国家或地区的基础设施是否完善，是其经济是否可以长期持续稳定发展的重要基础。

2.为什么2018中央经济工作会议如此定调

2018年12月19日至21日，中央经济工作会议在北京举行，会议指出：我国发展现阶段投资需求潜力仍然巨大，要发挥投资关键作用，加大制造业技术改造和设备更新，加快5G商用步伐，加强人工智能、工业互联网、物联网等新型基础设施建设，加大城际交通、物流、市政基础设施等投资力度，补齐农村基础设施和公共服务设施建设短板，加强自然灾害防治能力建设。

可见，首先要把物联网基础设施建设作为重大投资来看待。这就传达了一个很重要的信息——投资建设物联网。物联网可以覆盖多个领域，是一个重要的抓手。交通、物流、市政基础设施、农村基础设施、公共服务设施等领域都需要物联网，同时，自然灾害防治能力建设也离不开物联网。

3.如何建设物联网基础设施

第一，推动制造业高质量发展。要推动先进制造业和现代服务业深度融合，坚定不移地建设制造强国。现代服务业本身不仅仅是业态的问题，更重要的是商业模式的根本变化——从过去的大规模制造向未来的定制化制造改进。

第二，稳步推进企业优胜劣汰，制定退出实施办法，促进新技术[①]、新组织形式[②]、新产业集群[③]的形成和发展。

第三，要增强制造业技术创新能力，构建开放、协同、高效的共性技术研发平台，健全需求为导向、企业为主体的产学研一体化创新机制，抓紧布局国家实验室，重组国家重点实验室体系，加大对中小企业创新支持力度，加强知识产权保护和运用，形成有效的创新激励机制。

4.怎样应对物联网基础设施

物联网本身作为新型基础设施，首先离不开"建网"，即应该围绕网络相关

---

① 新技术包括云计算、大数据、物联网、人工智能、机器人、区块链等。新技术的发展还可以有很多想象空间。

② 新组织形式狭义上特指企业组织形式，即企业存在的形态和类型，主要有独资企业、合伙企业和公司制企业三种形式，广义上包括社会组织，特别是像"中关村物联网产业联盟"这样的新型社会组织机构。

③ 产业集群理论是一种西方经济理论，于20世纪80年代由美国哈佛商学院的竞争战略和国际竞争领域研究权威学者麦克尔·波特创立。它是指在一个特定区域的一个特别领域集聚着一组相互关联的公司、供应商、关联产业和专门化的制度和协会，通过这种区域集聚形成有效的市场竞争，构建出专业化生产要素优化集聚洼地，使企业共享区域公共设施、市场环境和外部经济降低信息交流和物流成本，形成区域集聚效应、规模效应、外部效应和区域竞争力。

的建设。除了围绕5G网络本身，还应该包括物联网层面的方方面面，即各种无线专网和配合的网络设施建设。只有打造好网络基础设施才能推动"联网"。当然，如果立体化看待网络建设，还应该考虑云计算的能力建设和大数据平台的建设，其中最大的机会应该来自网络设施供应商和系统集成商。过去的智慧城市是以智慧细分行业为出发点进行各类物联网基础设施建设的。

除了"建网"，另一个重点就是基础设施的"联网"。

❖ 思考 ❖

人工智能的基础设施是什么？

2 什么是物联网平台

▶ 物联网平台是一个衍生产品，是对于物联网三层结构发展的补充。

1.什么是物联网平台

物联网平台可以理解成将物的数据传输到这里，进行收集、统计、分析和整理，转化成更加准确的应用。同时也是统一整个物联网系统设备的手段，使之成为从接口到传输一体化的解决方案。

从理论上说，物联网平台是一个衍生产品，是对于物联网三层结构发展的补充。

物联网平台目前是很多企业进军物联网的目标。先创建行业物联网平台，然后创造商业模式和价值。大企业很适合这种思路，便于形成规模效益。

2.物联网平台为什么重要

有人统计过，物联网平台从2016年的360个已经增长到目前的450个左右，一方面从某种意义上说明了今天物联网产业发展迅猛，另一方面也是企业进入物联网的重要抓手。所谓"得平台者得天下"！

物联网平台的行业主要集中在工业和制造领域，占比32%。随着工业互联网的进一步推动，相信工业物联网平台还会发展。

其次是智慧城市和智能家居领域，占比21%。智慧城市平台涉及城市发展建设中的方方面面，而智能家居平台也很好理解，把家居包含的各个要素和产品放到一起，形成智能家居平台。前提是各个厂家相互配合，提供标准化的接口，遵从某个传输协议，能在管理平台上匹配使用。这是困难所在。

3.物联网平台的发展趋势和中小企业应该如何应变

第一个观点就是平台是"贵族的奢华游戏"。在互联网的发展进程中，前期基本上没有什么平台，完全基于"朴素"的战斗方式，抢占用户为第一原则。今天互联网上的BAT（指中国互联网三巨头：百度、阿里巴巴、腾讯），包括众多中小巨头们，恐怕也都是因为拿到了相当数量的用户群体后，才发现原来自己已经发展成某一类平台了。

第二个观点就是在移动互联网阶段，最经典的平台无外乎是苹果手机的App和谷歌的安卓市场。而且仔细观察，它们有很多的相似点。这样的平台更像一个大市场，最终还是需要各个小团队去共同开发应用，我们称这样的模式为"共享模式"。

平台需要商业模式的创新，平台上既有大量的免费应用，也有收费应用，与平台合作形成了利益分配的格局，也就是互联网的生态系统。

第三个观点就是当前的大平台首推的还是运营商级别的，三大运营商（中国移动、中国联通、中国电信）主要是基于通信系统建立的服务，不论是原有的2G到NB-IoT（窄带物联网），终端单元就是物联网卡或是物联网模组，系统用户可以在此基础上建立应用。未来如果以5G为网络依托，可能就会形成几大运营商平台，它们有覆盖全国的通信网络，而且天然会形成与物联网终端的连接。

目前的物联网平台说到底是为了建平台而建平台，还不具备真正的整合能力。从更深层次的角度分析，平台必须要纵向发展，垂直应用。

我们再看物联网当前最大的主战场，无疑就是换了件马甲的智慧城市市场。曾经有那么多集成商或者运营商都试图建立智慧城市的主体平台，但就算是以城市政府为主体的投资公司或者控股产业公司，都在行业分割下最终会向各个细分领域发展。

这说明统一的智慧城市平台是很难打造的，这是行业分工问题。

未来物联网的平台还会出现一些核心能力平台，是"富人的奢华游戏"，像阿里巴巴、华为、微软这样的巨头们，投入是以亿元为基本单位的。这类布局更长远的目标就是抢占制高点，抢占新的入口。

基于此，我更愿意提醒中小企业提早"占山为王"，物联网产业暂时没有霸主，所以巨头们都在努力营造物联网生态系统，都在试图看清楚产业链的布局。

3 物联网的最佳入口是什么

▶ 当我们都苦恼物联网进展缓慢，得不到任何收获的时候，其实很多人已经充分利用物联网的最大入口，赚得盆满钵满！

1.这个入口是什么

我们先看看这则报道：

某厂家宣布将在三年内向市场投放10万台体脂测量一体机，只需扫脸就能直接获得身体健康相关数据的体脂测量一体机，预计将在全国100个城市的商超、影院、机场、车站投放，供大家免费使用。该技术利用大数据和人工智能的算法做深度分析，帮助用户了解健康风险，完成检测、评估、干预、监测的健康管理闭环，降低亚健康人群慢性病发病风险。

很多人会觉得不解，为什么要免费投放？

其实，体脂秤就是利用智能硬件或者所谓的"智能箱子"作为入口，从而吸引用户，达到后续营销的目的。

体脂秤的成本大概在50～100元之间，也就是说10万台的设备投放出去，如果按照1：3的比例，可能会吸引到30万人左右。当然，还需要一个配合很好的App或者平台。

按照最低50元计算，这个厂家差不多就要500万的基础投入，那么这个入口是否能如其所愿呢？

很难讲，也许效果未必好，需要很多其他的外在条件配合。目前，这不是特别好的一个入口，因为物联网的硬件投入和互联网的免费模式天生就是一对矛盾体，关键还需要物联网人具有互联网的意识，设计好商业模式。

2.有没有更好的物联网入口

三年前，我曾陆续参加过几个智能场景的会议，也去了南京的一个厂家看了一下他们的业务推广模式——利用智能硬件为入口，借用蓝牙网关模式，叫作必肯。iBeacon是苹果公司2013年9月发布的移动设备OS（iOS7）上配备的新功能。其工作方式是，配备有低功耗蓝牙（BLE）通信功能的设备使用BLE技术向周围发送自己特有的ID，接收到该ID的应用软件会根据该ID采取一些行动。

比如，在店铺里设置iBeacon通信模块，便可让iPhone和iPad上运行——资讯告知服务器，或者由服务器向顾客发送折扣券及进店积分。此外，还可以在家电发生故障或停止工作时使用iBeacon向应用软件发送资讯。

iBeacon技术作为利用低功耗蓝牙技术研发者，有不少团队对其进行研究利用。国内有很多团队就在利用这样的技术进行针对商场或者店铺的网关铺设，然后使用微信的"摇一摇"功能，利用店家的一些优惠活动，将用户吸引过来。笔者的一个朋友对此有很深入的研究，并据此设计了一套针对不同用户场景的营销系统。

当然，这还需要一些固定的设备成本。这就如同Wi-Fi设备的铺设一样，规模和成本控制得再好，也需要不小的开销。不过如果能够有效地把由此带来的人流量充分利用起来，也会是不错的买卖，毕竟线上的获客成本也超过100元了。可以看到软件互联网的红利与硬件物联网的平衡点很快就要达到了。

为什么众多互联网巨头开始集结线下，并美其名曰"新零售"？这是成本压力带来的自身需求。

3.物联网入口利器是什么

答案就是二维码！

现在的二维码支付已经成为国人的"新四大发明"之首。二维码的高度普及所带来的生活习惯的转变是令所有人始料不及的。

二维码的后端可以蕴藏丰富的网络资讯，通过摄像头拍摄二维码就可以把现实世界和网络世界连接起来。二维码本身是物联网初期的应用热点，技术上没有太多难点，关键在于如何普及应用。

2012年9月11日，马化腾就提出二维码将成为线上线下的关键入口，未来腾讯平台会更加深化开放，坚持有所为有所不为，把腾讯的云计算能力、运营能力、服务能力和平台能力都贡献出来。马化腾表示，腾讯正在大力推广二维码的普及，因为这是线上线下的一个关键入口。

另外一家通过二维码获得重大收益的就是阿里巴巴，准确来说是阿里系负责支付体系的蚂蚁金服，通过二维码入口的有效途径，成为移动支付的王者。

如今，负责支付宝、芝麻信用等业务运营的阿里巴巴关系公司蚂蚁金服，估值接近1500亿美元，成为全球最大的"独角兽"企业（指成立十年以内，估值超过10亿美元，获得过私募投资且尚未上市的企业）。

一份来自国际知名投行巴克莱的报告显示，巴克莱银行经实地考察并重新进行业务分析和估值计算后，决定对蚂蚁金服的估值由1060亿美元上调至1550亿美元，上调幅度达46.23%。巴克莱表示，其上调估值的主要原因具体来自两个方面：

首先，蚂蚁金服在过去一年线下支付中增长迅速；其次，受益于多样化的支付场景和其他金融服务的渗透，蚂蚁金服的收入来源更加丰富，同时，消费者使用更多类别的金融服务，一体化金融服务的渗透促进ARPU（每用户平均收入）提升。

此外，巴克莱认为，全球化会推动经济长期增长，蚂蚁金服也将不断寻求发展机会，未来估值依然有上调空间，并看好其后续发展潜力。

1550亿美元的估值从何而来？

作为蚂蚁金服的收入增长引擎，支付宝的运营状况成为衡量蚂蚁金服估值的一个重要指标。巴克莱的报告显示，支付宝在中国移动支付市场的份额占比为53.7%，与此同时，腾讯在中国移动支付市场的份额占比为39.4%。

巴克莱预计，蚂蚁金服还将保持这样的增长势头，这一预判主要受用户流量趋势影响。CNNIC（中国互联网络信息中心）的数据显示，2017年中国手机线上支付普及率为70.7%，达到5.27亿，这意味着在中国，线下支付用户是所有手机支付用户的子集。这也是支付宝全力推进线下支付、扩大线下消费场景的重要原因。

消费者场景的不断渗透推动ARPU提升。过去，消费者使用更多类别的金融服务，一体化金融服务的渗透促使ARPU提升。巴克莱预计，ARPU未来依然会保持向上态势，2019年蚂蚁金服用户总量将超7亿。

这就是成本最低的物联网入口。

当中国大大小小的超市、小卖铺甚至是菜市场都能随意使用微信或者支付宝支付的时候，这个方便的入口就带来了庞大的流量和后续所有的商务。

而我们也在不断地使用二维码加他人的微信，参与各种扫码活动。想想看，二维码的入口成本是多少呢？打印一张纸的成本，也可以忽略不计。

谁能想到物联网的最大入口居然成就了两家最大的互联网公司，想来令人唏嘘不已。

不过请别忘了这普及过程中的综合成本和隐形成本问题。当年无论是支付宝还是微信都投入了重金补贴，才彻底改变和颠覆了我们的使用模式。

现在，我们可以结合自己的领域，思考一下哪些"武器"能够成为打开未来物联网之门的利器。其实有很多。

也许是手环、智能音箱、快递柜等。

❖ 思考 ❖

1.今年春节期间的红包大战是怎么发生的？

2.由百度领衔的新一轮的补贴剑指何处？

4 为什么是物联网

▶ 从最初的来源而言，物联网就是"万物互联"。

1.走进物联网

物联网是个非常有意思的话题，到今天都没有一个官方的解读。物联网确实是很复杂的概念，有很多种认知和理解。"什么是物联网"这个问题我曾经被问过数万次，我也研究了很久，发现确实很难回答。没有标准答案是最有意思的，我就将我的理解过程分享一下。

从字面上理解，物联网就是物体的互联网，也有人说是互联网上的物体。再深入一点，就是物体的互联，万物互联，把物体都用互联网连接起来。更进一步的解释是，把物体都用网络连接起来。

深挖起来就会有越来越多的解释。比如物联网到底是什么？物联网是技术吗？

今天我们对物联网的理解和认知超过了十年前。因为有所发展，所以发现了很多问题的实质。像"物联网是什么技术"这类的问题，就很好回答了。物联网是综合性技术，包括了从感知到传输再到应用等多个领域的细分技术。

那么物联网到底是什么？物联网之所以会显得比较深奥，是因为最初被国家列为战略新兴产业之一，这样的产业并不多。现在日常生活中各种文件、媒体对于物联网经常这样表述：要综合利用物联网、云计算、大数据、人工智能等新兴产业。

所以物联网又成了高科技产业的代名词之一，这样的代名词也不多。我们很容易将物联网细分成各种不同的领域，比如工业物联网、农业物联网、教育物联网、交通物联网等。其中有几个主力"战场"，现在已经单独演化出来专有名词了。比如智能家居，泛指物联网技术在家居和家电领域的应用；车联网，也是从大的智能交通领域中聚焦到车的联网和发展；工业物联网，现在统称工业互联网，之前大家常称工业4.0和智能制造，随着社会经济的进一步发展，工业互联网的核心还是物联网。

还有一种认识也不得不提，就是物联网和互联网的区别。在长期研究的过程中，我个人认为互联网就是专门连接人的，互联网是"人"联网，而物联网就是连接物的。这个认知看起来好像很简单，但其内涵特别重要。行业内的专家们也越来越充分认识到这一点，并认可"互联网是'人'联网"的说法。

人不也是物吗？没错，本质上是。但在发展过程中，这是两个阶段的认知。我曾经也以为物联网就是人与人、人与物、物与物的连接。从说法上讲没毛病，可按照这样的思路去发展，就能体会到过程的困难。人和物是有本质差别的，人是物体之一，同时人又不是物，因为需求和连接方式千差万别。从人是物体之一的角度出发就永远没法真正解决物和物的问题。

物联网目前还呈碎片化。根本原因还是物体想要去掉大连接极其不易，受到物权和物量太大等一系列现实问题的影响。

2.为什么是物联网

因为物联网就像一个大筐，什么都可以往里装，物联网的边界条件到今天也没有定论。

有人说传感器是物联网，是的！

有人说5G是物联网，是的！

有人说软件是物联网，是的！

有人说硬件是物联网，是的！

总之，万物互联，处处都有物联网！

❖ 思考 ❖

1.物联网与互联网的区别是什么?

2.物联网被称为"物联网"的原因是什么?

5 什么是物联网以及物联网的四大核心边界条件

▶ **物联网是对物理世界的数字化和信息化,其标准体系正在形成。**

1.什么是物联网

物联网的标准定义是指通过一系列技术,包括传感器、RFID(射频识别技术)、定位等去感知物体的信息,然后再通过各种通信形式,包括有线传输和无线传输技术,把物体的信息传递到不同的应用系统中去,从而形成对于物理世界的数字化和信息化。

通常我们都是从产业角度看待物联网的,这是最早的战略性新兴产业。它也是超级复合型产业,物联网涵盖了所有的行业体系和技术体系,如"互联网+"和"智能+",所有手段都是为了物体的数字化连接。

2.影响物联网的四大边界条件是什么

第一层是底层的核心技术。其中包括芯片制造和高端的感知能力,越想把物体的数字化做好,越需要更准确地记录信息。

例如,老年人的防跌倒报警设备需要准确判定某个状态下的数据,这意味着无法用某个单项的传感器来进行识别，所以产生了四轴甚至八轴传感器，但还是无法解决瞬间的高度差，也就是跌倒的状态，因为会有很多的不同程度的动作。

另外，单一的信息感知能力不难处理，但在大规模的环境下，做出性价比足够低的解决方案就很难。

第二层是传输技术。发展到今天，人们已经习惯性地把所有问题都直接扔给最新的5G技术，但是有时这并不能真正解决问题。比如近距离通信技术需要处理几米范围内的传输，最重要的是需要极低的功耗和成本。

物联网的通信技术就是典型，不是联通了就能真正解决问题，而是要达到"万物互联"。

第三层是综合应用系统。物联网应用领域得到了前所未有的广泛应用，从智慧城市到各种行业，每个物联网的应用都是一个庞大的行业、巨大的市场，这需要全科系统作为支撑。

第四层是统一的标准体系。如果说互联网最后之所以能在全球范围内推广起来，得益于互联网有一个TCP/IP（传输控制协议/网际协议）的标准体系。现在的物联网还在成长期，还没有成型的标准体系，所以也就无法建成一个通用体系。

当然，物联网标准体系最终也会在发展过程中实现统一。

❖ 思考 ❖

1.物联网是什么？
2.影响物联网建设的四大边界条件是什么？

6 什么是物联网企业

▶ 什么是互联网企业？互联网企业有两大重要标志，一是有一个网站，二是围绕着网站提供服务。

1.互联网企业的起源与发展

我们耳熟能详的互联网公司，如新浪、搜狐、网易，最早就是做网上新闻的，换句话说，就是数码信息或者电子报纸。所以互联网早期差不多都是".com公司"，俗称"做网站的"。注册网址/域名，开发一个网站，就是所谓的互联网公司了。

之后，以网站为核心的业务出现，人们对互联网的认识开始越来越清晰。互联网公司最主要的业务是网上卖货，即"电子商务公司"，现在统称为电商平台，代表是天猫、淘宝、京东、亚马逊等。

社交软件应用也占一席之地。国外有MSN，后来还有Skype，国内以QQ为代表。最初，网站上提供的是聊天室BBN。社交软件满足了人与人之间交流的需求，很快就火了起来，后来成就了腾讯。

此外，还有搜索引擎类应用。这类应用满足了人们的求知欲，能够通过互联网了解世界。百度是我国目前最大的搜索网站。

互联网的2.0版本就是移动互联网时代，标志是一个专用网站、一款应用软件，最后演变成为一款App。总之，互联网公司是轻模式的、以网站或者应用软件开发和服务为主的企业。

2.物联网企业的边界条件

传统意义上的物联网公司，都是研发物联网相关技术的企业。从物联网三层架构出发，分别对应感知、传输和应用三大领域。我们很难区分究竟哪家算是物联网公司。

物联网发展到今天已有十年之久，物联网公司的边界条件依然没有说清楚。

物联网企业有三大障碍。

第一是商业模式。不知道如何盈利。

第二是标准。碎片化导致很难制定出统一的标准体系。

第三是缺乏对应的技术体系。很简单，5G对应的就是物联网。

其实说到底，还是没有明确"什么是物联网"。有人认为，作为提供物联网技术的企业，想要什么商业模式呢，卖技术服务不就对了？所以，真的有必要定义物联网的边界条件，明确到底什么是物联网企业。

物联网企业的最重要标志就是"物的联网和运营服务"，只有以此为主要特征的企业，才是真正的物联网企业。物联网企业的生命线必须提供物的联网，形成某个或者某类物的联网系统，而这个联网系统能够持续提供商业价值，带来服务能力。

我们之前提及的那些企业，都是物联网基础服务商或者物联网技术公司。未来，物联网技术公司和物联网运营公司将形成紧密的产业链，这样就有效地解决了一个大难题。还有人说，提供技术的企业，卖产品不好吗？互联网时代，大量的制造商、网络产品提供商也都成长为巨型企业了。例如思科就是互联网时代的大赢家之一。

现在，物联网的边界条件就很清楚地体现出来了。企业发展的核心目标就是想办法连接某类物体，然后通过这类物体的联网系统产生商业价值，提供商业服务，这就是未来最经典的物联网公司。按照这样的维度重新去估量，绝大多数公司应该都属于物联网技术开发公司，为物联网运营公司提供全方位的服务。互联网曾经也有过互联网内容服务商（ICP）和互联网服务提供商（ISP）的区分，大家各负其责，也可以互相渗透。这是一个变量。

有人问小米公司是什么样的公司呢？其创始人雷军说是互联网公司，而资本市场认为是手机制造商。后来小米公司称自己是最大的物联网公司，因为其产出了超过一亿个物联网的终端。我认为最准确的说法是：小米公司是物联网终端制造企业之一。

至此，可以明确物联网公司的标准：有没有主动去连接某类物，然后以此类物作为运营服务。这就是未来物联网公司的发展方向。

❖ 思考 ❖

1.物联网企业面临着哪些障碍？如何解决？

2.物联网企业的边界条件是什么？

7 边缘计算将会影响物联网架构的重大变化吗

▶ 全球智能手机的快速发展，推动了移动终端和边缘计算的发展。而万物互联、万物感知的智能社会，与物联网发展相伴而生，边缘计算系统也应运而出。

1.边缘计算是什么

边缘计算是一种分布式计算。它通过对数据资料的处理、应用程序的运行甚至一些功能服务的实现，由网络中心下放到网络边缘的节点上，减少了业务的多级传递，降低了核心网和传输的负担。

边缘计算联盟针对边缘计算定义了四个领域：设备域（感知与控制层）、网络域（连接和网络层）、数据域（存储和服务层）、应用域（业务和智能层）。这四个领域就是边缘计算的计算对象。对物联网而言，边缘计算技术取得突破，意味着许多控制将通过本地设备实现而无须交由云端处理，处理过程将在本地边缘计算层完成。这无疑大大提升了处理效率，减轻了云端的负荷。由于更加靠近用户，还可为用户提供更快的响应，用户需求将在边缘端得到解决。

边缘计算的核心是在靠近数据源或用户的地方提供计算、存储等基础设施，并为边缘应用提供云服务和IT环境服务。边缘计算不仅是5G网络区别于3G、4G的重要标准之一，同时也是支撑物联技术低延时、高密度等条件的具体网络技术体现形式，具有场景定制化强等特点。相比于集中部署的云计算而言，边缘计算不仅解决了时延过长、汇聚流量过大等问题，同时也为实时性和带宽密集型的业务提供了更好的支持。

2.边缘计算、雾计算与云计算的本质区别在哪里

在国外，以思科为代表的网络公司提出了雾计算的概念。思科已经不是工业互联网联盟的创立成员，但却集中精力主导开放雾联盟。无论是云计算、雾计算还是边缘计算，本身只是实现物联网、智能制造等所需计算技术的一种方法或者模式。

严格来讲，雾计算和边缘计算并没有本质的区别，其核心原理都是在接近现场应用端提供的计算。就本质而言，都是相对于云计算而言的。未来的计算领域将会是像云像雾又像风。

边缘计算中的数据仅在源数据设备和边缘设备之间交换，不再全部上传至云计算平台，防范了数据泄露的风险。根据运营商的估算，若业务经由部署在接入点的MEC（多接入边缘计算）完成处理和转发，则时延有望控制在1毫秒之内；若业务在接入网的中心处理网元上完成处理和转发，则时延约在2～5毫秒；即使是经过边缘数据中心内的MEC处理，时延也能控制在10毫秒之内，对于时延要求高的场景，如自动驾驶，边缘计算更靠近数据源，可快速处理数据，实时做出判断，充分保障乘客安全。由此可见，推动社会从人联时代走向物联时代，连接数的大量增长，叠加边缘计算自身优势，将成为5G时代不可或缺的一部分。

3.边缘计算如何推动三种技术的融合

由边缘计算带来的算力需求将成为5G时代重要的增量部分。边缘计算联盟正在努力推动三种技术的融合，也就是运营、信息、通信的融合。而其计算对象，则主要定义了四个领域：第一个是设备域。纯粹的IoT设备与自动化的输入/输出采集相比较而言，有不同但也有重叠部分，那些可以直接用于顶层优化，而并不参与控制本身的数据，可以直接放在边缘侧完成处理。第二个是网络域。在传输层面，直接的末端IoT数据与来自自动化产线的数据，其传输方式、机制、协议都会有不同，因此，要解决传输的数据标准问题。第三个是数据域。数据传输

后的数据存储、格式等数据域需要解决的问题、数据的查询和数据交互的机制与策略问题都是在这个领域里需要考虑的。第四个是最难的应用域。这一领域的应用模型尚未有较多的实际应用，而从产业价值链的整合角度讲，边缘计算联盟提出了在敏捷联接的基础上，实现实时业务、数据优化、应用智能、安全与隐私保护，为用户在网络边缘侧带来价值和机会。

特别值得关注的是5G的三大应用场景：eMBB（增强移动宽带）、mMTC（海量机器通信）和uRLLC（超高可靠低时延通信）。每个业务场景都有其自身所面临的一些挑战。例如，eMBB将对网络带宽产生数百Gbps（交换带宽，是衡量交换机总的数据交换能力的单位）的超高需求，从而对回传网络造成巨大的传输压力。单方面投资扩容汇聚与城域网络将大幅提高单位媒体流传输成本，却无法实现投资收益。uRLLC需要端到端1毫秒级超低时延的技术支撑，仅仅依赖无线与固网物理层和传输层的技术进步，无法满足苛刻的时延需求。mMTC将产生海量数据，导致运营管理上的巨大挑战，仅仅由云端集中统一监控，无法支撑如此复杂的物联系统。而边缘计算恰好可以为这些问题带来解决方案。由此可见，边缘计算已成为5G不可或缺的关键手段。

中国移动甚至提出了边缘计算即服务的概念。打造领先的"连接+计算"融合基础设施，提供全栈开放的边缘云服务能力。通过构建广覆盖、固移融合的边缘数据中心，推出轻量化、易运维的边缘云平台。发挥"5G+边缘计算"的融合优势，锻造一批行业标杆应用，提供业内领先的一站式建设、运营和交付能力。联合上下游产业伙伴，共同探索合作共赢商业模式。

4.边缘计算的"应用"

而边缘计算/雾计算要落地，尤其是在工业中，"应用"才是最为核心的问题。IT（信息技术）与OT（操作技术）的融合，更强调在OT侧的应用即运营的系统所要实现的目标。虽然边缘计算/雾计算只存在低延时的问题，但是，50毫秒、100毫秒这种周期对于高精度机床、机器人、高速图文印刷系统100微秒这样的"控制任务"而言，仍然是非常大的延迟。边缘计算所谓的"实时"，从自动化行业的视角看，依然被归在"非实时"的应用里。未来，边缘计算迟早会把云计算从中心拉到边缘层，在技术演进过程中将会产生巨大的经济效益，不仅是网络厂商，大多数中小企业也有可能据此产生新的物联网模式。

研究和关注前沿技术是物联网企业时刻警醒的问题，亚马逊、微软、谷歌、阿里巴巴等都已经开始布局，边缘计算层将会引起巨大变化，是注定要发生的。

❖ 思考 ❖

1.边缘计算对于5G的发展有何推动作用?

2.未来，边缘计算如何发展应用?

8 物联网是IoT还是IoP

▶ 互联网是"人"联网，即IoP，核心是管理人，以人为本；物联网是
"物"联网，即IoT，核心是管理物，让物自动形成体系，产生价值。这
是IoT商业模式的核心。

1.物联网的两大问题

第一，物联网的重点不是"联"。很多人认为要形成大连接，特别是运营商
只关心数字，认为数据量越大越好，因为每天、每月、每年都有流量费。这就是
典型的管道思维。连接只是手段，不是目的。如同微信本身就是一个系统应用，
跟运营商连接无关。未来的物联网，会有若干个类似微信这样的垂直系统，并自
成体系。

第二，成网是结果。成网是结果，但不一定非得是网络形态，有的时候是
可以改变形态的。互联网从最初的点对点拨号上网，到后来的宽带上网、无线上
网、移动互联网，从点对点、星型连接、树型连接，到后来的网状网，彻底去中
心化，今天上网只需要一个账号。物联网为什么必须要形成一个互联网呢？其实
很多时候根本不用交互连接，单向就够了。所以，用连接人的思维和方法去连接

"物"，就是当前物联网的本质问题与核心问题。

2.不断演进中的变革

物联网将会给人类带来颠覆性的重大变革！

一直以来，人类的核心都是管理人——考虑用什么样的手段更好地管理人。二十多年前，互联网彻底解决了如何连接人、如何管理人员的问题。到了最近的二十年，互联网发现通过把人联起来就能产生巨大的影响，从而改变人类的生产和生活方式。所以互联网的核心是管理人、连接人。

这期间有个非常有趣的发明叫作寻呼机，也叫BP机，是20世纪90年代最主要的通信工具之一，第一次实现了让人类在移动中收到信息。BP机拉开了人类的信息交互与连接的历史。人类还需要更便捷地交流，所以移动电话产生了。

至此，人类不仅能随时随地找到彼此，还能随时随地互相联系，随时沟通信息。然后，随着信息量越来越大，人们不再满足于单纯的语音通话，于是产生了网络，通过点对点连接，交互信息；点对多点，就逐渐形成了互联网时代。互联网的进一步发展彻底改变了人类的生活方式和工作方式，进而改变了社会发展的形态。全连接，全透明，超越时间和空间的束缚，使人类的信息交互得到空前的提升，也彻底改变了商业规则和商业模式。

3.对于物联网概念的错误认识

"互联网+"至今有很多成果，但不完全成功。为什么？

很多人认为互联网就是一个工具，就是给行业"赋能"，但是成效不佳。因为进入行业领域后，很多事情靠的都是物联网，用互联网思维给物联网赋能。

物联网的出发点是管理物，而不是连接物。有的资料称"物联网就是把物体连到互联网上，让物与物、物与人相连，形成万物互联"。对此，我很多时候也想不明白为什么物联网搞不起来，经深度思考后发现道理并不复杂。其实，物联网最大的价值就是把人们能找到的、能形成价值体系的物进行锁定。

❖ 思考 ❖

1.物联网的本质是什么？它的发展历史是怎样的？

2.要辨别哪些错误的物联网概念？

9 为什么说物联网即服务

▶ 物联网即服务，这也是当前物联网商业模式探索的重要方向。

1.物联网产业发展的新趋势是什么

第一，平台化，将硬件通过传感器做一个应用服务平台。

第二，运营化，成为信息服务提供商。

第三，服务化，用户参与传统产业转型服务，形成一个循环圈。

第四，品牌化，提升品牌，规模化获利。

2.物联网三大创新规律

第一，从内容上看，碎片应用集成服务平台构成了新长尾理论。

通过互联网没有边界的方式，所有的尾部集成起来，成为一个巨大的产业规模，这是长尾理论最主要的观点。物联网带来了一个基于智能硬件的新的长尾。

第二，个人计算机是第一代互联网连起来的；第二代是大家现在用的移动互联网，但我认为移动互联网应该改名叫移动物联网，它是物联网的第一个演示版；第三代通过可穿戴设备、车联网等联网后，形成一个超级长尾。在架构上，是云管端的模式。现在也有人提出了端管云，甚至进化出来边缘计算。这是新的趋势。

第三，在价值方面，遵循新价值创造方式。

互联网的辩证逻辑是什么？是黑格尔在唯物辩证法里的正反和。

什么叫正反和？最直接的一个例子，有一只母鸡，它是本体，它下了一个蛋，于是母鸡对蛋说"你不是我"。但是这个蛋经过孵化成了一只小鸡，这只鸡有它身体的一部分。所以在辩证法上，这是一个非常著名的鸡—蛋—鸡的理论，叫正反和。

互联网本身是一项技术，技术可以有新的东西颠覆原来的东西。所以当那个行业存在的时候，它有许多既有的规律，没有新技术出现的时候，那些既有的规律成了常识。如果没有技术颠覆，所有的东西只要存在就是合理的，但是当新技术出现时，所有的存在有可能都是不合理的。

3.哪些是可以被颠覆的

你需要重新思考两个问题：

第一，你所在行业的现状，行业内的那些常识，所有人认知它的本质是什么，将其逐条列出来。

第二，当你拿到了一个新的武器时，是不是能把原来的行业颠覆。我们发现，当我们落到产业和商业的交叉点的时候，会遇到三种不同的思维：第一种是技术思维，是硬碰硬的，但"过刚则易折"；第二种是商业思维，商人把不一定属于他的东西变成一个好像属于他的东西；第三种是金融思维。

当你被别人当作一种产品的时候，金融工具要对你进行重新发掘，你要重新颠覆正反和的商业模式，思考你有没有被投资的价值。

这三种思维对于我们来讲非常重要，是投资人的思考模式。你可以不做投资，但你不能不知道投资人是怎么想的。

4.智能硬件要解决什么问题

第一是交互性。

智能硬件有不同的交互，最好的智能硬件是不交互，你最好不打扰你的客户，但是它能衍生出来东西。

第二是衍生性。

用户要的不是设备，而是怎么用设备解决他的问题，是用你的设备解决还是用他的设备解决，是你的方法好还是他的方法好，甚至干脆不用你的设备就能解决问题。

物联网发展了十余年，可喜的是已经进入新的拐点。过去受困于硬件的成本、连接的成本、计算的成本等居高不下。

互联网无法实行免费模式，因为它是"软"的，边界成本随着规模的扩大可趋近于零。而物联网是"硬"的，固有成本摆在那里，即便规模扩大，还是有固定的支出。连360公司的创始人周鸿祎都说，物联网硬件送不起，不能走免费模式。

如今互联网综合的顾客成本已经超过140元，甚至在部分行业达到500元左右，天平悄悄地倾向于物联网硬件了。所以，物联网的机会就要到来了。

记住，万变不离其宗，物联网即服务！

❖ 思考 ❖

如何提升智能硬件的交互性和衍生性，更好地为顾客服务？

10 什么是物联网碎片化

▶ 物联网发展之难，第一座大山就是碎片化。而近年来，碎片化逐渐向规模化转变，新的机遇也随之产生。

碎片化，简单概括起来就是"点线面"——点多面广，规模小，战线长。小吃里有一种独特的吃食叫"杂碎汤"，基本体现了这个道理。所以长久以来，人们普遍认为物联网"大筐"里的宝贝不少，值钱的东西却不多。这个观点放在十年前、五年前没有问题，因为讲的是事实。大家都在努力挖掘行业的热点和价值，先解决从0到1、从无到有的问题。

但今天已经完全不同了，已经变为从小规模向中等规模以上转化的过程。就运营商近些年提供的数据来看，大连接的数量都是以亿为单位的，否则就谈不上大数据了。所以，目前的数量和规模并不小。

从碎片化向规模化转变，核心是需要有大投资。物联网要使用硬件，要有足够的资金支持。

共享单车就是经典案例。短短两三年时间，共享单车红遍大江南北，甚至走出国门，实现了千万级的规模。共享的其他系列产品也都陆续走红，比如共享充电宝和快递柜等，我将其统称为"盒子模式"。物联网通过盒子模式渗透到生活的方方面面，在不经意间，有关饮食起居的各种信息都被各种不同的商家掌握。这就是所谓的大数据。国家邮政局最新发布的报告显示，2018年前三季度，中国主要企业设立智能快递柜25万组。另有报告预测，到2020年，全国智能快递柜组数将达到75万，市场规模将近300亿元人民币。

目前行业"玩家"已经高度集中，主要的品牌是丰巢、中邮速递易和菜鸟驿站等。从公开数据看，头部"玩家"亏损严重：根据资料，丰巢科技2016年净亏损2.5亿元；2017年亏损3.85亿元，负债超过12亿元。丰巢科技2018年前5个月营收2.88亿元，归属母公司净利润为负。即便如此，2019年3月京东仍宣布要大规模铺设自营智能快递柜。

2010年，中国邮政设立第一台智能包裹投递终端，智能快递柜进入公众视野。这就是典型的碎片化向规模化转变的实例。

中国直接面向消费者的电商在增长的同时，以即时配送为履约方式的新零售模式正如火如荼地开展：生鲜商品方面，前置仓和便利店风头正劲；生活日用品方面，超市可以通过京东到家实现线下销售；在电商最大的品类服装方面，小程序也开始介入流量池，进行分割。

相比于十年来没有多少进步的快递柜，新零售不仅改变了商家的商业模式，也迅速改变着消费者的消费模式。最重要的一点是，这是目前已知的、离用户居家最近的商业基础设置。

虽然前置仓当下正热，但快递柜才是真正的"前置仓"，因为仓库的核心功能是存储。但也正因如此，快递柜没有搭上新零售的顺风车，受到物流思维的局限，真的把自己当成了"仓"。而前置仓不是"仓"，这才是问题的关键。

所以，不要再抱怨碎片陷阱了。事实上，碎片化是中小企业的新机遇，如何把握时机很关键。

❖ 思考 ❖

如何抓住物联网碎片化的机遇？

11 未来物联网的发展重点是什么

▶ 打造工业互联网平台，拓展"智能+"，为制造业转型升级赋能，将"智能+"和制造业紧紧联系在一起。

1.物联网的发展重点

首先，可以从政府工作报告里寻找答案，看看其对于物联网发展都有哪些指导意见。

2016："十三五"期间要促进大数据、云计算、物联网广泛应用，加快建设质量强国、制造强国。

2017：要深入实施"中国制造2025"，加快大数据、云计算、物联网应用，以新技术新业态新模式，推动传统产业生产、管理和营销模式变革。

2018：要实施"中国制造2025"，推进工业强基、智能制造、绿色制造等重大工程，先进制造业加快发展。

2019：要围绕推动制造业高质量发展，强化工业基础和技术创新能力，促进先进制造业和现代服务业融合发展，加快建设制造强国。打造工业互联网平台，拓展"智能+"，为制造业转型升级赋能。

下面，看看物联网的发展重点有哪些。

第一，从"互联网+"转向"智能+"。

实施"互联网+"战略的这几年中，我国的经济结构发生了深刻变革。将"互联网+"升级为"智能+"，意味着经济领域创新方式的升级。

如果说"互联网+"为大众创业、万众创新提供了广阔舞台，那么"智能+"无疑将会成为中国经济领域各行业和各产业智能化升级的强力助推器，行业智能的发展将推动供给侧的产业升级，"智能+"也将成为中国数字经济发展的新动能。

"智能+"概念的提出，其实质就是把人工智能的创新成果与经济社会各领域深度融合，推动技术进步、效率提升和商业模式变革，提升实体经济创新力和生产力，形成更广泛的以人工智能为基础设施和创新要素的经济社会发展新形态。

第二，打造工业互联网平台。

2019年的政府工作报告中首次明确要"打造工业互联网平台"，这是值得注意的大事。其中，关于工业互联网平台的建设，相关部门已经多次发文强调。

我们梳理一下历次关于工业互联网发展的重要文件，看看都有哪些值得关注的方向。

一是工信部发布的《工业互联网平台建设及推广指南》（以下简称《指南》）指出，工业互联网平台是工业全要素、全产业链、全价值链连接的枢纽，是实现制造业数字化、网络化、智能化过程中工业资源配置的核心，是互联网、大数据、人工智能和制造业深度融合的生态体系。

二是《指南》指出，工业互联网平台打破了传统工业生产以企业单兵作战为主的模式，通过提供涵盖研发、生产、管理、营销、物流、服务等全部流程及生产要素的云端制造服务，实现资源集聚与开放共享。

机器之间、车间之间、工厂之间的信息壁垒被打破，生产形态进一步向网络化协同转变，并引发制造业研发创新体系、生产组织方式和经营管理模式的持续变革。

三是工信部发布的《工业互联网发展行动计划（2018—2020）》提出，要在2020年前，推动30万家以上工业企业上云。平均到全国每个省，都在1万家左右，对于几个传统工业大省，任务压力还要大一点。

每个点上都有大商机，这就是新一代基础设施建设的重要内容。

四是工信部印发的《工业互联网App培育工程实施方案（2018—2020）》提出，至2020年，将培育30万个面向特定行业、特定场景的工业互联网App。

工业App的核心价值是其承载的工业知识和经验。工业体系学科众多、领域庞大，且关系错综复杂，体系化培育工业App应综合考虑工业知识和经验所支撑的行业、领域、学科的范围和重要程度。

第三，加强对工业互联网的理解，把政策转化为生产力。

近几年，我们积极响应从"中国制造2025"到"工业4.0"的号召，很多企业"转型升级"成为中国制造企业。

还有很多企业花重金打造了各个系统，从制造执行系统到产品生命周期管理系统，甚至实现了机器代替人，实现了"工业4.0"。系统越多，企业越清醒，无论是"工业4.0"还是"工业互联网"，工厂的订单、成本、效益这些实实在在的生存问题才是亟待解决的。

所以，2019年的报告指出，打造工业互联网平台，拓展"智能+"，为制造业转型升级赋能。将"智能+"和制造业紧紧联系在一起，意味着人工智能将成为传统制造企业向工业互联网推进的强劲动力，"智能+"会成为工业互联网新的推手。不管怎样，我们都要抓紧研究工业互联网领域，那里有广阔的发展空间。

当然，关于工业互联网平台的建设，首要的任务还是发展物联网。智能制造的互联网并不是虚拟的网络，那是各种实实在在的实体网络。想要实现工业自动化，先要花时间好好打造工业物联网的平台。机床是物，生产资料是物，合作机器人还是物，所以最终的生产线就是物物相连。

2.《工业互联网App培育工程实施方案（2018—2020）》（以下简称《方案》）的规划培育重点是什么

《方案》主要从以下四个方向规划培育重点。

第一，具有高支撑价值的安全可靠工业App。

该类工业App主要支撑国内制造业重点项目推进、重大工程实施和重要装备研制，对保障国家重大战略实施有重要意义。

第二，基础共性工业App。

该类工业App从学科维度出发，将结构、强度、动力、材料、化学等各行业共同需要的共性知识和经验软件化，发挥对工业行业的基础性支撑作用。《方案》将重点培育"工业四基"领域基础共性工业App。

第三，行业通用工业App。

该类工业App从行业维度出发，将适用于特定行业的工业知识和经验软件化，推动提质增效和转型升级。《方案》将汽车、航空航天、石油化工、机械制造、轻工家电、信息电子等作为培育行业通用工业App的重点行业。

第四，企业专用工业App。

该类工业App主要面向制造业企业核心技术攻关、管理模式升级、产业链协同等发展需求，将核心知识和经验软件化，在企业内部实现网络化和智能化传承、积累和发展，加快提升企业核心竞争力，推动提质增效和转型升级。

❖ 思考 ❖

1.关于工业互联网发展的重要文件中都有哪些值得我们关注的方向？

2.未来物联网发展的重点是什么？

12 什么是智慧消防物联网

▶ **物联网领域最近几年有一个重要的行业市场——消防领域，也可以称为智慧消防或消防物联网。**

我国的消防行业经历了十余年的发展，从2001—2003年的消防产品生产销售备案登记制度到市场准入制度，由计划转入市场。随后，更多的民营企业开始进入消防行业。经历了市场化之后，我国的消防行业也逐渐成形，生产企业已超过5000家，整体规模较大，但是由于地方保护、职能部门的懈怠等造成行业缺乏领军企业，行业集中度较低，同质化严重，品种单一。

最近几年，随着"智慧城市"的提出，消防行业的政策聚焦于将科技和传统结合，产生了新的发展趋势和投资热点。

1.智慧消防是如何产生的

消防企业在发展中随着城镇化和基础设施投资建设，由单一产品提供商逐步演化成整体解决方案提供商。消防企业的转型离不开政策的引导。在计划经济体制下，消防产品的定价和产量可以根据国家要求生产，不存在滞销的情况。企业是产品的提供商，而在市场准入制的推行下，加上国内城镇化飞速发展，企业需要考虑更多的因素，比如客户的个性化需求、其他企业的竞争等，因此企业的转型是必然的。

此时消防企业提供的不单单是产品，更多的是服务。消防行业与商业、工业房地产、公共建筑、基础设施、城市配套设施等都具有紧密联系。每种产业要求的消防方案设备都不一样，带来的技术问题也各不相同。

高层建筑的建设、日益复杂的建筑结构，以及更加密集的城市功能片区等客观条件，对消防产业的技术提出了更高的要求，比如在紧急状态下应对调度、隐患的智能巡防和上报等。

"互联网+"和"智慧城市"的实施，使消防科学、消防技术与消防软科学等领域成为消防技术研究的主攻方向，也催生出了智慧消防。

2.《关于全面推进"智慧消防"建设的指导意见》的核心内容是什么

2017年，公安部消防局发布的《关于全面推进"智慧消防"建设的指导意见》（以下简称《意见》）以及《消防信息化"十三五"总体规划》奠定了消防行业未来的发展方向。

《意见》明确指出了智慧消防工作的核心内容：

（1）建设城市物联网消防远程监控系统；

（2）建设基于"大数据""一张图"的实战指挥平台；

（3）建设高层住宅智能消防预警系统；

（4）建设数字化预案编制和管理应用平台；

（5）建设"智慧"社会消防安全管理系统。

《意见》要求综合运用物联网、云计算、大数据、移动互联网等新兴信息技术，加速智慧消防建设，全面推进信息化与消防业务工作的深度融合，构建立体、全覆盖的社会火灾防控体系，打造符合实战要求的现代消防警务勤务机制，提供有力支撑，全面提升社会火灾防控能力、部队灭火应急救援能力和队伍管理水平，实现传统消防向现代消防的转变。

3.智慧消防发挥了哪些作用

在市场化的推行下，消防行业市场规模逐渐形成。下游产业链主要包括住宅、办公楼、商业用房等民用建筑市场，冶金、电力等行业应用市场和消防部队装备市场。智慧消防主要发挥了以下几种作用。

（1）智慧消防系统平台解决了产业链衔接问题

在传统的消防行业产业链中，消防企业主要充当消防产品制造商的角色，提供自动灭火系统、火灾报警设备、阻燃化工、建筑防火、消防设备等产品，后续由消防工程专业施工企业负责协调建设单位、设计单位，完成消防工程的搭建。

这导致产业之间的衔接问题明显，施工单位高度重视消防功能，忽视施工安装质量，产品标准衔接脱节，检测中心分工脱节，设计不符合实际应用场景等。

传统的消防产业链技术含量不高，工程完成之后，后续工作不到位。安全隐患的排查依靠人力，可视化监管存在资源浪费等问题。这也是现在消防产业中小企业密集、集中度低下的原因之一。

智慧消防主要提供智能消防产品，如自动灭火系统、火灾报警设备、应急疏散系统等。后续消防工程的搭建转变为系统解决方案，可利用物联网大数据完成远程监控、隐患排查、应急疏散等工作。

新型产业链可以有效解决传统消防产业之间的衔接问题，实现无死角区域的全面覆盖，深刻感知各个消防系统之间相关联的直接同步配合关系，也可以实现消防安全跨越地理边界，并且有利于中高端消防企业的发展。拥有较强研发实力的公司跨界和科技公司合作，实现战略转型，带动消防产业升级。

（2）排查了安全隐患

新的消防系统方案可以自动提示检查标准和方法，记录巡查人员的工作情况，自动上传到下游行业的物联网大数据管理平台，真正实现消除隐患的作用。

（3）实现了可视化监管

远程监控管理系统可以实时分析，在灾前提醒工作人员关注，防患于未然。

当然，在智慧消防的发展过程中也存在一些问题。在现阶段核心竞争要素中，大项目注重品牌和技术，在小项目上本土企业优势更加显著。相关部门通过梳理千万级智慧消防项目，发现8个项目中有6个由外地企业中标，品牌技术优势凸显；另外，其他28个一般智慧消防项目，外地企业中标4个，本地企业占比达85.71%。由此可见，消防行业地方保护现象严重，市场规范性有待提高。

目前的消防行业中小企业密集，虽然熟悉消防业务，但是在技术研发上仍然很落后。有关统计数据显示，30%的企业研发投入费用在营业额的5%以下，33%的企业研发投入费用在6%～10%，两者几乎占据了2/3的市场。未来智慧消防的推进，对产品的科技含量提出了更多的要求。这样的发展趋势吸引了安防企业、跨界的互联网和通信界巨头等的参与。

随着国家机构的调整，应急管理部成立，消防部门也并入其中。这说明消防行业又进一步扩大到应急领域。消防无小事，关系到千家万户的生命财产安全。智慧消防的空间越来越大，消防物联网作为新事物，也得到了更多厂家的认可。

❖ 思考 ❖

智慧消防产生的背景是什么？在消防行业中可以起到什么作用？

13 什么是电梯物联网

▶ 电梯行业已全面进入整合洗牌期，不同规模的电梯企业面临不同的选择，如何把握自身优势，在稳住既有市场份额的基础上开拓更广阔的市场，成为在这个行业寒冬中生存下来、完成逆势崛起的关键所在。

1.电梯物联网行业市场到底有多大

电梯行业发展至今，企业数量逐年上升，竞争激烈，价格战愈演愈烈。

有一个独特的工业领域叫作特种设备产业。这个产业就在你我身边，而且它关系到社会和家庭的安危。

2016年，国家质检总局发布了《特种设备安全监察改革顶层设计方案》，要求加快"互联网+"、大数据、完整性管理等新技术应用，推动企业管理水平提升，推动各级政府搭建电梯等特种设备公共服务平台，建设全国统一标准的特种设备信息化平台。特种设备包括锅炉、压力容器、压力管道、电梯、起重机械、客运索道、大型游乐设施、场（厂）内专用机动车辆等。

截至2016年年底，全国在用特种设备总数为1136.46万台，锅炉63.89万台，压力容器322.79万台，电梯403.85万台，起重机械226.26万台，机动车辆61.66万辆，大型游乐设施1.92万台，客运索道925条，气瓶1.43亿只，压力管道92.47万千米。全国共有特种设备生产单位和气体充装单位61518家，持有许可证68985张。

截止到2016年年底，全国电梯保有量达到了560万部。2015年中国电梯产量65万余台，预计2016年全年电梯产销量将与之持平，按每部电梯20万的平均单价计算，目前国内电梯市场依然是千亿级规模的市场。受益于房地产行业的发展，电梯行业从2000年开始飞速发展，保持了十多年20%～30%的高增速，近几年一直维持在高增速状态。

2.电梯行业现状如何

电梯行业属于超长链条的产业集群。

（1）电梯原材料与零部件

电梯生产成本中，原材料占90%以上，其中钢铁、电子器件占50%。钢材用于生产电梯轿厢、层门、导轨等零部件，占原材料成本的大部分。

其他稀有金属如稀土氧化钕，被加工成钕铁硼永磁材料，用于永磁同步曳引机的生产，永磁同步曳引机相比传统蜗轮蜗杆副接触传动有绝对的优势：体积小、重量轻、传动效率提高20%以上、噪声降低5～10分贝、能耗低、免维修。

（2）原材料价格

在钢材期货市场大涨的背景下，现货钢价积极跟涨，受益于下游工程机械的复苏，目前钢市的库存压力有所减缓，成本的支撑力度有所增强。我国是稀土大国，但长期受制于稀土加工技术瓶颈，主要由欧美国家掌握稀土加工材料价格话语权，价格相对稳定。

（3）电梯后服务市场

如同汽车行业一样，电梯从安装到保养、维修服务也必然会形成一个4S店系统。

传统的维保企业的数量高达1万多家。面对560万部电梯保有量，这万余家维保企业大打出手，唯一的手段就是低价策略。

3.房地产的周期还会引发电梯行业红利吗

房地产波动整体处于"合意"水平：过去十年得益于房地产行业的高速发展，电梯需求量与日俱增，迎来了电梯行业发展的黄金时期。不过随着国内经济增速放缓，房地产建设开发进入稳定增长期，电梯行业的发展也进入了一个新的阶段。

一方面，地产平稳发展使得下游需求的波动减弱，有利于电梯需求有序释放；另一方面，在国内电梯产能整体过剩的情况下，地产投资波动收窄有利于优质龙头企业凭借自身优势做大做强。2015～2016年虽然房地产开发投资增速处于历史性底部，但房地产开发企业的资金状态已经连续两年得到改善，到位资金增速大幅高于投资增速，为电梯行业健康发展营造了较好的资金环境。

近几年房地产各方面数据超出预期，预计短期会促进一部分电梯订单释放。而从中长期来看，房地产投资的波动收窄、新开工维持在"合意"水平为电梯行业有序发展营造了积极的市场氛围。

4.国内外电梯物联网市场的差异有哪些

全球电梯市场竞争格局：从市场份额来看，全球电梯行业相对集中，欧、美、日品牌几乎垄断了这个行业。其中，奥的斯、迅达、蒂森克虏伯、通力、三菱和日立这六大品牌占据了全球60%以上的市场。

主要原因是电梯作为工业时代的产物，伴随着欧美发达国家的城市化推进而不断发展，其中工业时代的老牌制造企业在近百年的发展历程中积累了深厚的技术经验和品牌知名度，市场地位短期内难以撼动。以奥的斯为例，有着160年历史的奥的斯于1853年在美国创立，是全球最大的电梯、扶梯及人行走道的供应商和服务商，其产品占全球市场份额近20%。

目前，有260万部奥的斯产品在全球200多个国家和地区运转。其在研发、产品测试、采购、市场营销和信息系统方面拥有的极其丰富的资源，帮助其牢牢占据着世界电梯霸主的地位。

虽然我国目前已经成为全球最大的电梯制造国和消费国，但人均电梯保有量明显落后于世界主要国家和地区，因此中国还不算是真正意义上的电梯大国。长期来看，未来国内电梯市场仍有较大发展空间。

我国的电梯市场规模较大是由两方面原因决定的：一方面，我国单位面积人口数量众多，尤其是沿海发达地区人口密度远超世界平均水平，而电梯作为一种交通运输工具，其安装建造必然需要较大的人口基数；另一方面，我国土地使用面积狭小，由于城乡人口分布极其不均，导致城市用地紧张，为高层建筑的建造和电梯的使用创造了条件。

国外的电梯在综合管理水平和意识方面与中国的电梯大不相同。电梯维保的服务水平，国内外也有巨大的差距。欧、美、日发达国家的单人维护电梯数量可以达到100~150部，而国内基本上是20~40部。国内外对于维保的认识也不一样。目前国内电梯维保市场处于严重的恶性竞争之中，年维护成本从1500元到1万元不等。市场服务人员水平低，服务和维保效果无从保证，物业和居民之间也会因此产生矛盾，从而进一步激化维保服务的价格波动等问题。

5.电梯物联网路在何方

电梯物联网是为了解决目前电梯安全问题而提出的概念，数据采集部分、数据传输部分、中心处理部分以及应用软件共同构成了完整的电梯物联网监控系统。采集仪采集电梯运行数据进行分析并上传到互联网监控中心，结合平台应用软件，从而实现了各相关单位对电梯实时有效的监管维护。

通过建立统一的实时监控平台，监控电梯每个时刻的运行数据，可以实现远程监控、远程测试、紧急报警、智能安抚、数据挖掘等功能。正因为物联网对电梯监管和安全有着革命性的改进，目前全国各地已经纷纷开展试点试验，重庆、杭州、南京、无锡等地已经制定标准，并强制要求电梯标配物联网系统，北京、福州等城市也已经开展试点工作。

物联网时代的电梯行业主要包含服务链条和价值链条。服务链条是指在整个商业体系中，每一个参与者相互间通过什么产品或服务进行连接，以及参与者的价值主张和能力要求等。价值链条是指参与者从哪里获得收入、获得收入的形式、这些收入如何分配给商业体系的其他参与者，以及谁是核心参与者、各环节的盈利模式等。

当前的电梯商业模式按照电梯的所有权、管理权分为六大参与者。服务和价值链条环环相扣，没有明显的资金流、信息流和物流中心。该商业模式历经数十年的检验，遵从专业化的原则，在电梯的生产、管理、维保和使用上明确分工，由政府深度监管，最下游的业主单位或住户付费，驱动整个商业链条。

在这种商业模式中，政府起到关键性的作用，从电梯的生产资质和产品标准，到安装、维保和检验流程，再到发布电梯维保指导价，商业链条中的每个环节都受到各种规范的严格管控。厂家依照国家标准生产电梯，销售给业主单位，通过规模生产和品牌溢价获得利润。物业公司向业主单位收取物业管理费，负责管理电梯日常运行，并销售电梯中的广告位给广告代理公司，所得费用用于聘请维保公司定期维护和保养电梯的零部件，赚取微薄的差价，同时作为管理方承担着较大的事故责任。

数十年来，这种商业模式一直保证了电梯市场和服务的正常运转，然而随着电梯保有量的激增，电梯维保人员的缺口越来越大，电梯维保质量下降，电梯事故时刻威胁着人民群众的生命财产安全。物联网给电梯维保困境带来希望的同时，也改变着市场环境，不可避免地动摇了电梯行业现有的商业模式。

随着2017年物联网的大爆发和多地区电梯物联网的试点成功，全面启动全国电梯物联网产业的时机已经成熟。为此，国内第一家物联网产业全国性社团法人组织——中关村物联网产业联盟，特种设备安全与节能综合信息平台、全国特种设备大数据管理平台的建设单位——中特数据服务有限公司、国家发改委唯一批复的电梯安全物联网监管工程研究中心，负责宁夏电梯应急管理服务中心的运营和维护，目前在管电梯数量超过3万台的新三板上市公司——宁夏电通物联网科技股份有限公司，以及全国电梯物联网试点城市无锡的电梯物联网项目承建单位——无锡惠成信息科技公司等单位联合产业链上下游的多家单位和机构，共同发起成立了中国电梯物联网产业联盟。

6.中国电梯物联网产业联盟的宗旨、目的和意义是什么

宗旨：以创新为动力，以技术为核心，以应用为导向，以产业为主线，联合产业上下游，共同打造中国电梯物联网产业生态圈。

目的：通过物联网技术，保障电梯安全运行。

意义：创新安全模式，完善服务体系，提高服务水平，提升管理效率。

希望通过建立中国电梯物联网产业生态圈，实现多方共赢，共同为电梯物联网产业带来光明。

❖ 思考 ❖

1.电梯物联网市场的规模如何？产生的原因是什么？

2.电梯物联网产业发展现状如何？

14 什么是电力物联网

▶ 2019年，国家电网公司明确提出，围绕"三型两网、世界一流"的战略目标全面启动智能电网和泛在电力物联网建设。

1.什么是电力物联网

电力物联网是指围绕电力系统各环节（用户、电网、发电、供应商和政府等），充分应用"大云物移智链"等现代信息技术、先进通信技术，实现电力系统各个环节万物互联、人机交互，具有状态全面感知、信息高效处理、应用便捷灵活的智慧服务系统。

电力物联网将电力用户及其设备、电网企业及其设备、发电企业及其设备、供应商及其设备，以及人和物连接起来，产生共享数据，为用户、供应商和政府提供社会服务。电力物联网以电网为枢纽，发挥平台和共享作用，为全行业和更多市场主体发展创造更大机遇，提供价值服务。

按照国家电网的规划，紧紧抓住2019～2021年这一战略突破期，通过三年攻坚，目标是到2021年初步建成泛在电力物联网，到2024年建成泛在电力物联网。可以预见的是，泛在电力物联网是电网公司未来五到十年投资建设的重心。

2.泛在电力物联网的目标及任务有哪些

国家电网泛在电力物联网的建设目标是，充分应用"大云物移智链"等现代信息技术、先进通信技术，实现电力系统各个环节万物互联、人机交互，大力提升数据自动采集、自动获取、灵活应用能力，对内实现"数据一个源、电网一张图、业务一条线"，"一网通办、全程透明"，对外广泛连接内外部、上下游资源和需求，打造能源互联网生态圈，适应社会形态，打造行业生态，培育新兴业态，支撑"三型两网"世界一流能源互联网企业建设。其主要任务包括三个方面。

第一，对内业务。实现数据一次性采集或录入、共享共用，实现全电网拓扑实时准确、端到端业务流程在线闭环。全业务统一入口、线上办理，全过程线上即时反映。

第二，对外业务。建成"一站式服务"的智慧能源综合服务平台，促进各类新兴业务协同发展，形成"一体化联动"的能源互联网生态圈。在综合能源服务等领域处于引领位置，新兴业务成为公司主要利润增长点。

第三，基础支撑。推动电力系统各环节终端随需接入，实现电网和客户状态"实时感知"；推动公司全业务数据统一管理，实现内外部数据"即时获取"；推动共性业务和开发能力服务化，实现业务需求"敏捷响应、随需迭代"。

3.电力物联网产业的机会在哪里

围绕国家电网泛在电力物联网的建设目标及内容，物联网产业链公司可优先关注物联网平台和网络层面的机会。

物联网平台层面。目前国网的物联网平台尚没有统一的标准。由于电力系统的终端数量多、类型多、分布广，物联网平台需具有丰富的连接能力和拓展能力。

网络层面。230M LTE（长期演进技术）电力无线专网建设相信不会停止，这里面除了网络基础设施会被几家巨头主导外，还会有海量的LTE模组和CPE（客户前置设备）终端的市场机会；针对窄带、大颗粒的低功耗广域物联网场景，比起NB-IoT技术，LoRa（低功耗局域网无线标准）可能更适合国网解决这类业务的接入。

电力行业是一个非常成熟、市场格局相对稳固的市场，同时由于其本身就是一个垂直的领域，广大物联网产业链公司可结合自身产业定位和资源优势选择不同的市场参与方式。

物联网技术方案提供商（芯片、模组、平台等公司）参与市场的最好方式是选择与国网系统内的公司或国网现有的供应商合作。比如在配网领域，从事物联网芯片、模块的公司可与生产配电终端产品的东方电子、国电南瑞、科大智能等国网现有供应商合作。

当然，相信接下来市场上会出现很多专门做电力物联网解决方案或相关服务的物联网方案商，这类公司可直接与各级电网公司合作，并多挖掘电网公司需求与痛点，围绕帮助国网降本增效或者"创收"去提供解决方案。

4.泛在电力物联网的业务场景有哪些，前景如何

泛在电力物联网带来了丰富的应用场景，总体上可分为控制和采集两大类。

控制类场景将从当前的星形集中连接模式向点到点分布式连接切换，主站系统将逐步下沉，出现更多的本地就近控制和边缘计算。采集类场景在采集频次、内容、双向互动等各方面均有较大变化。以下为典型应用场景举例。

控制类场景：精准限电。

在一个小区域内有许多自带空调机组的商业办公楼，高峰用电时，因线路或变压器问题，经常一刀切限电，有用的和无用的、能停的和不能停的都限制了。但那些商业办公大楼的空调机组可以停10～20分钟也不受影响，而其他设备无法正常运行，影响严重。如果能用泛在物联网技术控制这些机组，就可以让商业办公大楼只停用空调机组，其他不该限的就不限，做到精准限电。

采集类场景：主动抢修。

通过泛在电力物联网实现配电网线路状态监测，可以帮助电力运行人员实时了解配电网线路上各监测点的线路电流、对地电场、信号强度的变化情况，在线路状态发生异常改变时，根据监测点上输送的数据可实现故障准确定位、复杂故障过程回溯反演、线路异常状态提前预警，通知线路运维人员迅速赶赴现场进行处理，有效缩短线路故障恢复时间，切实提升配电网运维水平。

在电信行业，运营商一直担心自己被"管道化"，因此除了为用户提供网络接入外，还不断丰富自身的互联网数据中心、物联网平台和行业应用等服务能力。国家电网实际上也有类似的顾虑，其未来的角色也将发生变化。

泛在电力物联网建设本质上是整个电力行业的数字化重塑，它不仅对物联网公司是巨大的市场机遇，未来也将深刻影响每个组织和个人，并推动国家数字经济的发展。

电力系统传统上是非常独立和封闭的行业，自成体系，掌握了巨大的市场。电力进万家，谁都离不开它。在通信行业，最初就有电力线的调制解调器，后来没能大规模普及，与政策等有关系。

现在的电力物联网从系统内进行了准备，接下来更重要的是面对市场考验。

扎根电力系统内，面向电力系统外，才有可能真正开辟出一条路。特别是未来除了围绕5G化、智能化的基础，还需要做出针对性的决策部署。

总之，电力物联网有着很广阔的发展前景。

❖ 思考 ❖

1.如何建设电力物联网？

2.泛在电力物联网的机会有哪些？

15 何为物联网的"两桶金"理论

▶ 2012年，针对物联网的产业发展和商业模式发展，我和我的团队提出了物联网"两桶金"理论来解释物联网市场和产业成长的规律，探讨商业模式对物联网市场发展的重要意义。

首先，物联网商业模式的成熟程度是判断物联网发展进程的重要依据。

商业模式是行业用户和产业投资人对物联网发展的关注焦点。经过十余年发展，物联网应用主要集中于城市应急管理、安全防范、智慧城市等公共服务和社会管理领域。而除交通、电力等行业外，面向其他行业应用领域的成功案例很少，可见基于消费领域的需求尚未形成。投入成本高、投资回收慢、无限期投入等问题制约着企业用户和最终消费者的需求释放。各行业和消费市场作为物联网的主要应用领域，其商业模式有待进一步探索。由此，我们提出了"两桶金"理论。

物联网的第一桶金源于技术驱动。物联网成熟的、完整的商业模式尚未形成，挖掘第一桶金的是技术公司、产品厂商和解决方案的企业。在我国物联网发展前期，占尽商业先机并在产业链中获益的企业是技术服务商、产品制造商和解决方案提供商，他们中的大多数可以被视为物联网集成整合平台。

随着物联网市场的发展，物联网的第二桶金源于商业驱动。物联网的商业价值源于低边际成本、强规模经济、强路径锁定等平台经济效益。当一大批第三方物联网平台运行企业（如物流第三方平台的经营企业、快递第三方平台的经营企业等）成功挖掘出商业价值，找到合理的商业模式，培育出各类创新业态后，市场的爆发期随之到来。这时候，第三方物联网服务平台将成为主要商业形态，而产业链上的受益企业，更多的将是各种物联网平台的运营服务商。这个理论已经在移动互联网、云计算发展的进程中，及信息技术发展的服务化、网络化、平台化、融合化的发展趋势中得到了印证。总之，当商业资本着重挖第二桶金时，物联网市场真正变得成熟了。

从事物联网第一桶金挖掘的企业是以技术为导向的。作为产品型、技术型企业，其商业模式是成熟的——通过提供技术、产品和解决方案以获得商业利润。因此，在谈论物联网商业模式时，人们更关注的是第三方的物联网平台运行企业的商业模式，这在业界几乎还是空白。而只有探索出第三方的物联网平台运行模式，才能培育出成熟的物联网服务市场。而从商业模式的角度看，物联网平台运行服务商是未来物联网市场的主导者，所谓"物联网即服务"。在物联网市场成熟以后，物联网平台运行服务商成为市场的真正主角和主导者，并将掘得物联网市场的第二桶金。

2018年年底，中央经济工作会议上提出将物联网作为基础设施来建设，预示着我国大规模的物联网应用即将展开，财政的投入力度会更强，技术企业、产品厂商和系统集成商将直接受益于应有市场的拓展和政府资金的扶持。因此，近几年来有了更多的商业企业、商业资本开始探索物联网平台建设模式、资本运作模式和商业运维模式。

其次，目前物联网市场相对不成熟，还处于产业发展期和推广期。

在移动互联网领域，软件、硬件、应用的垂直整合步伐最终实现统一，在苹果公司的连锁零售商店这样成功的、创新的商业模式下，涌现出了社交网站、定位服务、微博等各类新兴服务和新兴业态，带动了移动互联产业的创新发展，以苹果公司、谷歌为代表的互联网企业成为这一领域竞争中的佼佼者。

在云计算领域，涌现出了SaaS（软件即服务）、PaaS（平台即服务）、IaaS（基础设施即服务）等新兴业态和创新服务模式，改变了产业发展生态，加快了软件和信息技术服务业向网络化、平台化、服务化、一体化转型，引领了软件和信息技术服务业的商业模式、服务模式和新兴业态的创新发展。现在看来，5G的主战场以物联网为首，将渗透到各个行业中，尤其是医疗、文化传媒、教育和车联网等行业，会成为第一批突破口。

物联网的"两桶金"模式从某种角度来看还具备一定的前瞻性。但是物联网的成熟度本身具有长周期规律，前面的十年仅仅是孕育期，一旦机遇来临，就会瞬间成长起来，并很快进入"第二桶金"时代。

❖ 思考 ❖

物联网"两桶金"理论有何意义？

16 如何启动物联网的顶层设计

▶ 顶层设计，也就是企业的战略规划，对于物联网这样的高科技产业尤为重要。顶层设计的总体规划某种角度上是重新做一份企业商业计划书。

1.为什么要启动物联网顶层设计

一段时间以来，我接触了大量企业，大概有80%的企业都处在模糊而迷茫的状态中。总结起来有四个方面的问题。

第一，盲目信概念、追热点。

第二，盲目自信。不能否认，也许你过往过有过成功的经验，或者在某个领域曾经取得过辉煌。不过，时代总是在发展之中，现在的信息量和技术发展日新月异，因此，我们需要保持谦虚。现在社会没有全能型的专家。

第三，无比固执。很多人不管对错，一条道跑到黑，八头牛也拉不回来。我绝对不想刻意打压创业者，但是因为眼界的问题，误入歧途且不自知，这是非常可怕的事情。

第四，只讲技术。在物联网领域里，这种类型绝对占了不低的比例。他们往往都是行业的技术精英，有理想有抱负，甚至曾是大型企业的中高层管理者，因为冲动开始创业。他们在技术上很有一套，但经营的公司业绩惨淡。

2.顶层设计的益处与意义是什么

无论是启动一个项目，还是进行某项关键的研发，都需要投入大量的人力物力财力。因此，顶层设计对于物联网这样的高科技产业尤为重要。

但很多企业家都是"凭感觉、凭经验"。外资企业之所以特别重视咨询，是因为它们要走出国门，去开辟一个陌生的市场，所以高度重视前期的咨询和调研。

这与我们现在的状态是一样的，物联网现在就是处在一个全新而陌生的领域里，前无古人，没有一条踏好的路供你走，也不要想着交了费就可以直接上"高速"。就像华为创始人任正非讲的，现在是进入盲区了，原有的认知已经无法为我们带路了，这时候需要的是顶层设计，要多下功夫提前做好咨询工作。

3.中关村物联网联盟的价值体现在哪里

作为全国最早、最大的物联网联盟组织，多年来，中关村物联网联盟经历了中国物联网的开端、发展和爆发期，同时也接触了大量的各个领域的从业者。

为了适应日益发展的物联网市场，接下来，我们也会调整工作思路和方法，加大物联网顶层设计的咨询工作。同时，我们将举办更多的线上、线下活动，广泛对接资源，充分发挥中关村物联网联盟的平台资源。其中最重要的几个变化和我们所做的事情特别强调一下。

（1）对于行业设定门槛

物联网的发展不可能是渐进式的，一定会有几个领域率先爆发，所以我们将原来的策略进行了调整，重点关注几个核心领域，引导更多的优质资源向核心领域倾斜。

当然，物联网涉及的行业有很多，我们无法做到面面俱到，为了能够让细分领域的企业也能得到成长，我们还会以专委会和专向产业研究中心的名义，组织细分行业的引导和支持工作。

（2）加强对接工作

过去几年里，我们也做了很多对接的工作，包括技术层面、资金层面、政府资源层面甚至是市场层面的、多角度多层次的对接交流活动。

现在，我们将更多地在资金和政府资源层面加强工作力度。物联网产业的发展还是处于依靠政府的引导和推动向市场转化的阶段，大多数中小企业首先要保证维持生存，而后才能求发展。因此我们将寻求在区域市场的发展，不论是会员企业还是新加入的企业，都可以参与到我们的活动中来。

（3）强调分享精神

这几年我们遇到了很多总是强调索取而没有分享和奉献精神的企业。作为非政府组织，我们以推动产业为己任，但是面对上千家会员单位，我们的人手实在有限，精力和时间更有限。所以，之后我们会加强线上的交流。

4.如何启动物联网的顶层设计

顶层设计的总体规划从某种角度来说是重新做一份企业商业计划书。时势易变，企业的发展也处在一个不断变化的动态过程中，也许之前不具备的条件，不知不觉中已经具备了，那么整个业务都将发生改变。

所以，国家会以五年为周期不断出台各个领域的计划，这其实是纲领。然后每年还要开两会，两会的目的就是做当年的规划，总结上一年的问题，以利于新的一年的调整。大多数企业都需要把五年规划做出来，这一点都不虚。

如何做好这个"五年战略规划"呢？这其中最重要的还是判断事物发展的趋势。成功的大企业其实都不是偶然的，如果仔细分析其内在的因素，首先都离不开对行业大趋势的把握。这种把握建立在长期的经验积累和科学的预测分析基础上。

同样，物联网产业的发展也经历了三个阶段，逐步形成了三大细分市场。

第一，应用创新：产业形成期（2011~2013年）。公共管理和服务市场应用带动产业链形成。

第二，技术创新：标准形成期（2013~2015年）。行业应用标准和关键环节技术标准形成。

第三，服务创新：产业成长期（2015~2020年）。面向服务的商业模式创新活跃，社会、个人和家庭市场应用逐步发展，物联网产业进入高速成长期。各类提供物联网服务的新兴公司成为产业发展的亮点。

按照整个顶层设计的规范动作逐步展开分析，包括"我是谁""我的优势是什么""我为什么能做好，怎么做"，最后是整个财务分析。

传统的顶层设计基本上就是要想清楚上述问题并将其解决。

5.企业自身存在的问题有哪些

第一，产品和服务问题。这是企业最难过的关口。

第二，市场销售问题。产品有了，服务形成了，接下来就要思考如何卖出去。

第三，商业模式问题。这是关键问题，有一大堆的著作可以帮助你修炼，我推荐先看《商业模式新生代》，这本书是一个叫亚历山大·奥斯特瓦德的瑞士人写的，实用性很强。

第四，资本模式问题。这是最高级别的问题，企业的退出战略往往是先从资本退出角度出发，如果你能率先从投资者的角度去思考问题，情况可能会完全不同。

现如今，数不清的商业模式创新正在涌现。采用全新模式的"野蛮人"在不断地挑战着物联网、云计算、大数据、AI（人工智能）等新兴产业，成为传统产业的"掘墓人"。

❖ 思考 ❖

顶层设计有何重要意义？如何启动？

17 物联网与大数据是什么关系

▶ 很多人问我，能不能把物联网和大数据之间的关系总结一下。
我认为物联网是"器"，大数据是魂。

1.物联网是"器"

为什么说物联网是"器"呢？因为物联网产生数据。

未来的感知对象是谁？答案很清楚，一定是产生有价值数据的那些物。从物联网的三层架构来解读，可以说前面的感知和传输都是为了得到数据。那为什么很多人一开始没有重视数据层呢？这是一个认知和积累的过程。最初人们的目标还是如何"感"，于是基本上从RFID和传感器入手，后来又进化到二维码，甚至连摄像头等都纳入数据采集的范畴里。这样我们就会发现需要采集的领域越来越多，将会出现越来越多的数据。

随着大数据的增多，引爆了人们对人工智能的需求。但人工智能最大的问题在于需要有足够的数据量去建模，实现最优的算法，特别是所谓的"人工"是核心，相当于"人脑识别"，目前算法还不能完全取代人脑。

2.大数据是魂

到2020年，整个物联网将累计44ZB（1ZB等于2的70次方）的数据量，这是目前人类计算能力难以处理的数量。

另外，人工智能的结果性输出还不够，表现出来的产品形式基本就是语音和视频。语音上，大批量的智能音箱和翻译机成为主力产品。视频是从摄像头和其中的算法进行改良。

大数据经历了在贵州的大发展，目前成了各地争先开展的重要招商项目。从长远来看，未来的大数据处理或者加工产业都将是热点。如同当年互联网在快速发展的过程中，人们将产业链细分为互联网服务商和互联网内容提供商，两者协同发展，培养了数以万计的内容提供商。从单纯的文字到语音再到视频，包括近年火爆的今日头条和抖音，其经营者本质上都是数据内容供应商。非常有意思的是，那些数据很多都是公众二次加工产生的。

❖ 思考 ❖

如何从物联网的模式特点分析其与大数据的关系？

18 物联网大数据的特点是什么

▶ 物联网平台的建设是当前的重大机会，物联网大数据将会呈百倍千倍的爆发式增长。本节从物联网平台的建设问题出发，针对数据的多态性、异构性、海量性、时效性和数据传输等问题进行论述。

关于物联网平台如何建设，我们在进行了有针对性的研讨和交流后，得出如下认识。

第一，物联网平台的建设是当前的重大机会。其原因不仅在于物联网迎来了自身发展的"第二春"，更重要的是，国家战略高度决定了物联网作为新型基础设施建设的重大任务，其后续对于国民经济具有重大的溢出效应。

第二，物联网平台建设是当前智慧城市建设的关键，也是重中之重。智慧城市经过前赴后继的探索，始终都在新型城镇化进程中充当排头兵，承担信息化建设的重要任务。如果缺少系统性的城市全方位感知，将很难建设出高水平的城市管理和支撑系统。

第三，物联网平台和大数据平台不可分割，会形成统一的整体。从过往经验来看，大数据平台的建设工作更多地突出了数据处理和数据中心的建设。而物联网平台作为物联网新四层架构的最新层面，也逐渐成为中间环节，承上启下。很多时候，物联网平台被人们简单地理解成数据采集功能，从而只看到表面，并未深入理解物联网的内涵。

第四，城市大数据管理局的建立绝不仅仅是对于大数据的运营和管理，更重要的是对于城市综合系统的全方位运营和服务。这就需要从最基础的感、穿、处、用、安、服等不同的六大维度去重新思考和设计智慧城市的发展及未来，特别是城市"大脑"与城市生命线系统的全方位整合。

第五，物联网的大数据来自以人为主的互联网阶段，将会呈百倍千倍的爆发式增长。这对于人类来说将是全新的体验。

1.数据的多态性与异构性

采集数据需要各种各样的传感器，而每一类传感器在不同应用系统中又有不同用途。这些传感器结构不同、性能各异，其采集的数据结构也各不相同。在RFID系统中有多个RFID标签、多种读写器，M2M（数据算法模型）系统中的微型计算设备更是形形色色。它们的数据结构不可能遵循统一模式。

物联网中的数据有文本数据，也有图像、音频、视频等多媒体数据。有静态数据，也有动态数据（如波形）。数据的多态性、感知模型的异构性导致了数据的异构性。物联网的应用模式和架构不同，缺乏可批量应用的系统方法，这是数据具有多态性和异构性的根本原因。系统的功能越复杂，传感器节点、RFID标签种类越多，其异构性问题也就越突出。这种异构性加剧了数据处理和软件开发的难度。

2.数据的海量性

物联网往往是由若干个无线识别的物体彼此连接和结合形成的动态网络。一个中型超市的商品数量动辄数百万乃至数千万件。在一个超市RFID系统中，假定有1000万件商品都需要跟踪，每天读取10次，每次100个字节，每天的数据量就达到10吉字节，每年将达到3650吉字节。在生态监测等实时监控领域，无线传感网需记录多个节点的多媒体信息，数据量大得惊人，每天可达1太字节以上。

此外，在一些应急处理的实施监控系统中，数据是以"流"的形式实时、高速、源源不断地产生的。这愈发加剧了数据的海量性。

3.数据的时效性

被感知的事物的状态可能是瞬息万变的。因此不管是WSN（无线传感网）还是RFID系统，物联网的数据采集工作是随时进行的，每隔一定周期向服务器发送一次数据，数据更新很快，历史数据只用于记录事物的发展进程，虽可以备份，但因其海量性的特点不可能长期保存。只有新数据才能反映系统所感知的"物"的现有状态，所以系统的反应速度或者响应时间是系统可靠性和实用性的关键。

物联网的软件数据处理系统必须具有足够的运行速度，否则可能得出错误的结论甚至造成巨大损失。

4.数据传输的难题

对于WSN而言，国内物联网应用研究表明，文本型数据易传难感，多媒体数据易感难传；在出现数据传输故障时，很难判定是网络中断还是软件故障；理想化的系统模型假设因其忽略了WSN运行过程中伴随的各种不确定的、动态的环境因素，往往难以实地应用。

由此，如何有效解决物联网平台建设，特别是物联网大数据的海量处理问题，将是下一阶段工作的重点和难点。

❖ 思考 ❖

1.物联网平台的建设与大数据的关系是怎样的？

2.应该如何理解物联网大数据的性质与特征？

19 什么是5G的三大业务场景

▶ 5G未来的核心竞争力就是增强移动宽带、超高可靠低时延通信、海量机器通信这三大业务场景。

2019年6月6日四张5G牌照的发布，标志着我们正式进入了5G时代。

当今世界技术发展日新月异。很多人可能不曾注意，3G是从2009年开始的，也就是说，实现了十年跨越三代移动通信。这是全人类社会高速发展的结果。

因此，现在更有必要深入学习关于5G的方方面面的技术知识，尤其是它的三大业务场景。

第一是增强移动宽带。

主要场景包括随时随地的3D/超高清视频直播和分享、虚拟现实、随时随地云存取、高速移动上网等大流量移动宽带业务。带宽体验从现有的10兆比特每秒量级提升到1吉比特每秒量级，要求承载网络提供超大带宽。

第二是超高可靠低时延通信。

主要场景包括无人驾驶汽车、工业互联及自动化等，要求极低时延和超高可靠性，需要对现有网络的业务处理方式进行改进，使得超高可靠性业务的带宽和时延可预期、可保证，不受到其他业务的冲击。

第三是海量机器通信。

主要场景包括车联网、智能物流、智能资产管理等，要求提供多连接的承载通道，实现万物互联。为减少网络阻塞瓶颈，基站以及基站间的协作需要更高的时间同步精度。

上述场景都是建立在5G的超高带宽、高速度和极低时延的基础上的。实际上，还有一个重要场景是窄带5G，也就是NB-IoT。它的场景是5G的前奏，基于低速、广覆盖、大连接的特点，特别适合物联网产业的大量哑终端（静终端），比如各种智能表、消防领域的烟感和喷淋装置、消防栓等。

此外还有大量的公共设施，比如智能井盖、垃圾桶、智能路灯杆等，都是当前物联网连接的主要对象。

❖ 思考 ❖

5G的三大业务场景是什么？分别对应哪些具体场景？

20 什么是5G网络切片

▶ 5G网络切片是什么？为什么5G需要网络切片？网络切片切的是什么？怎么实现网络切片？5G网络切片会带来哪些商业模式的更新？

1.什么是5G网络切片

5G网络的三大场景及其QoS（网络服务质量）需求主要包括以下方面。

（1）增强移动宽带：需要关注峰值速率、容量、频谱效率、移动性、网络能效等指标，和传统的3G、4G类似。

（2）海量机器通信：主要关注连接数，对下载速率、移动性等指标不太关心。

（3）超高可靠低时延通信：主要关注高可靠性、移动性和超低时延，对连接数、峰值速率、容量、频谱效率、网络能效等指标都没有太大需求。

例如，自动驾驶汽车在行驶过程中为了应对危险，需要在1毫秒左右的超低时延内和网络进行极可靠的通信。而自来水公司拥有的成千上万个智能水表需要上报数据，因此超大容量是至关重要的，至于网速慢一些、误码率高一些等，问题都不大，甚至连小区切换功能都不需要。

不同的业务有着截然不同的特点，让脱胎于3G和4G时代，仅针对智能手机的移动宽带业务的QoS方案使用起来捉襟见肘。并且，在5G时代"万物互联"的宏大构想内，除了增强移动宽带继承了之前的手机上网业务外，海量机器通信和超高可靠低时延通信都属于物联网业务。

运营商要开展物联网业务，必然涉及和其他物联网服务提供商的合作和定制化，如何为合作伙伴提供一张按需定制、独立运维、稳定高效的网络，就成了亟待解决的技术需求。于是，运营商做了独立的子网络来支持5G的几大场景，这些子网络的无线、承载和核心网等资源完全和其他网络隔离开来，而QoS依旧只局限在某一张子网络的内部进行服务质量管理。

比如说，我们建立三大场景的子网络，彼此间独立不受影响，每张子网络内部的不同业务依旧使用QoS来管理。并且，在同一类子网络下，还可以再次进行资源划分，形成更低一层的子网络。比如，海量机器通信的子网络还可以按需分为智能停车子网络、自动抄表子网络、智慧农业子网络等。

这相当于把QoS从二维扩展到了三维，这些相互隔离的子网络就叫作网络切片或者子切片。

2.5G怎样实现各个模块的统一管理和资源切分

既然要切片，首先必须要把各个模块统一起来管理，形成一个有机整体，然后才能有切片的可能。就像制作切片面包一样，先把面粉、鸡蛋、牛奶等各种原料糅合，经由发酵过程，再烤制成一大块完整的面包后，才能进行切片，不同切片再通过协调工作，才能做成美味的三明治。

那么5G是怎样实现各个模块的统一管理和资源切分的呢？

引入NFV和SDN技术。

第一，NFV就是网络功能虚拟化。

随着通用服务器处理能力的大幅增强，有余力拿出一部分资源作为虚拟化层，把网络中的计算（类似电脑的CPU、内存）、存储（类似电脑的硬盘）以及网络（类似电脑的网卡）等资源进行统一管理，按需划分。这样一来，一台甚至多台物理服务器的硬件就形成了资源池，可以按照需要划分成若干台逻辑服务器，供各种应用来使用。

第二，SDN又叫软件定义网络。

区别于传统网络中的各个路由转发节点各自为政、独立工作的现状，SDN引入了中枢控制节点——控制器，统一指挥下层设备的数据往哪里发，下层网络设备只需要执行即可。这样一来，就像网络有了大脑一样，可以实现控制和转发分离，网络灵活性和可扩展性大为增强。

依托虚拟化和软件定义网络NFV/SDN技术，我们可以把所有的硬件抽象为计算、存储和网络三类资源，进行统一的管理分配，给不同的切片不同大小的资源，且完全隔离、互不干扰，实现逻辑上的高层统一管理和灵活切割。

因此，NFV/SDN成了网络切片技术的基础。

与3G和4G的QoS管理功能不同，5G对网络切片进行了全面的设计，可以对各类资源及QoS进行端到端的管理。这是5G网络的基本特征之一。

在这样的架构下，在负责高层网络切片管理功能之下，分为无线、承载、核心网几个子切片。网络切片就被划分为纵向和横向两个维度。先在纵向的无线、承载、核心网子切片上完成自身的管理功能，再在横向上组成各个功能端到端的网络切片。

5G端到端网络切片实行统一管理。一是无线子切片。切片资源划分和隔离，切片感知，切片选择，移动性管理，每个切片的QoS保障；二是承载子切片。基于SDN的统一管理，承载也可以被抽象成资源池来进行灵活分配，从而切割成网络切片；三是核心网子切片。核心网在5G时代变得可谓"面目全非"了，基于服务化架构，以前所有的网元都被打散，重构为一个个实现基本功能集合的微服务，再将这些微服务像搭积木一样按需拼装成网络切片。

经过无线、承载和核心网这些纵向子切片的协同工作，为端到端的横向切片三大场景提供支撑，不同的业务得以在不同的切片上畅行。

3.基于网络切片的商业模式创新是什么样的

基于网络切片，运营商可以把业务从传统的语音和数据拓展到万物互联，也将形成新的商业模式，从传统的通信提供商蜕变为平台提供商。

网络切片的运营为垂直行业提供了实验、部署和管理的平台，甚至提供端到端的服务。运营商可以用直接面向消费者的方式来销售网络切片，并通过引入DevOps（一组过程、方法和系统的统称，用于促进开发、技术运营和质量保障部门之间的沟通、协作与整合）的理念和模式，极大地提升了切片运营的效率。

如果说4G网络是一把刀，虽然锋利但用途单一，那么5G网络就是一把瑞士军刀，灵活方便，用途多、功能强，而网络切片正是发挥5G网络优势的利器。

21 为什么会有"真假5G"

▶ 从标准制定、网络建设和应用体验的角度看，所谓的"真假5G"，即NSA和SA是5G建设的不同阶段。早期宣布5G商用的其他国家运营商基本上也都是先选择非独立组网，然后过渡到独立组网。

5G牌照发放了，人们沉浸于新时代到来的欢欣中。但必须要明白一些基础性的问题，明确什么是"真5G"。

4G到5G的演变不是整体进行网络改造建设的，5G可以利用4G的部分网络资源，这在业内叫作非独立组网（NSA）。

因为在移动网建设中要考虑前后兼容的问题，比如4G开始的阶段很多地方没有4G信号，那么就会自动切换到3G，这就是向下兼容。实际上，现在也会遇到类似的情况。所以可以简单地理解为NSA就是在4G网络的基础上进一步通过信令等的调整达到5G的效果。这就是我们通常说的"假5G"。

如果4G网络速度不够快，转向第五代网络并不会产生立竿见影的效果。LTE基础架构将是5G网络的支柱，尤其在更远的距离上Wi-Fi和毫米波技术难以发挥作用的情况下。另外，第五代网络将首先在人口稠密的大城市推出。对于远离城镇、网络信号不好的地区，即使换用5G网络，这种情况在相当长一段时间内也不可能得到改变。

从某种角度来说，这是技术方向的选择和投资的需求。毕竟，想一步建设5G的独立核心网，也就是SA，付出的代价和成本是巨大的。SA方案就是直接建设5G的基站，然后独立组建5G的核心网，控制信令将完全不依赖4G网络。所以大家认为SA才是"真5G"。

5G能达到20吉比特每秒的峰值速率、10毫秒以下的端到端时延，以及百万级的每平方千米连接数，这些都会极大提升网络发展的空间。不过这些都是理想指标，从实际效果来看，能够达到2～10吉比特每秒的连接速度就已经很可观了。

实际上，从标准制定、网络建设和应用体验的角度看，NSA和SA是5G建设的不同阶段，也是没有办法的办法。

中国运营商选择5G网络的态度不尽相同。中国电信表示，5G网络会优先选择SA方案组网，透过核心网交互操作实现4G和5G网络协同；中国联通还未确定方案，但根据各地5G实验网的测试结果，大部分集中在NSA，目标是希望快速建立5G网络；全球电信龙头中国移动对SA和NSA都进行了测试，初期以NSA为主，但NSA无法支援某些5G新业务和新功能，因此中国移动也着手建置独立组网方案。

初期采用NSA架构可快速建网，但未来走向SA势在必行。5G实施渐近式切入，以目前4G为骨干做信息控制，NSA架构下的5G载波仅承载使用者资料，其控制信令仍通过4G网络传输。在高密度区配以5G基地台，能实现部分5G功能，其优势在于初期投入较低，但功能会受到限制，且传输速率改善有限；SA则是重新建置5G基地台，全面进行全功能部署（包括新基地台、回程链路及核心网络）。

目前多数运营商的5G网络部署为NSA，利用现有LTE无线接入和核心网络支援行动性管理与覆盖，此为5G初期部署的最佳策略。但对于未来走向SA模式的规划，则包含5G新无线电和5G核心网络。5G SA支援微型服务、网络切片、虚拟化、可控制和用户平面分离及超低延迟，此外5G SA可在不增加订户成本的情况下，实现更高的每用户平均收入。

❖ 思考 ❖

1. "真假5G"是什么？

2. 国内的运营商是如何部署5G的？

22 哪些应用是"5G+物联网"的爆发点

▶ 2019年4月15日，巴黎圣母院突发大火，引起广泛关注。人类的遗产遭受巨大损失，可是为什么不对这么重点的古迹加强监测呢？该事件引发了人们对"5G+物联网"时代有哪些应用会爆发的思考。

华为创始人任正非认为："人类社会对5G还没有这么迫切的需要，5G的发展一定是缓慢的。"他说，"有个老师辞职时说世界很大，她想去看看。我想说这个世界很大，还有好多地方我们可做5G，我们暂时还做不了那么多"。

任正非站在那样的高度，冷静地思考着5G下一步的很多问题，其实能看到5G不仅仅只是通信技术的发展，更重要的是应用问题。这就是物联网的未来。

2019年的中央经济工作会议上，提出要把5G网络的建设作为第一重要的新型基础设施去对待。因为从战略上看，5G是一个国家的战略行为，更多考虑的是经济问题。

3G时代，中国联通借助苹果手机打了翻身仗。但在4G时代，就被中国移动超越。今天，当我们还在回味代次迭代的时候，据说6G已经启动研发了。

无论4G还是5G，甚至于未来的6G，它们代表的不仅仅是通信系统的换代，更重要的是带动了整个行业的发展，一方面刺激了产业链的爆发，另一方面带动了国民经济的发展。

今天中国对欧、美、日等发达国家，无论在基础设施建设及终端的发展上，还是在应用上，都在全面赶超，甚至在某些方面已经开始领先了，比如移动支付业务。

高科技本身对整个社会发展的头雁效应很明显。5G目前是打开局面的一个点。事实上，还有大量的核心技术需要引进。欧美对于高科技产业的高度重视和发展，恰恰也是高密集型智慧产业的一个有效通道。其中的产业价值超出大多数普通人的想象。

1996年，我刚刚入行，从事调制解调器（上网的基础通信设备）的销售工作。我当时所在的单位是国家定点的生产调制解调器的厂家，生产的调制解调器的速率是2.4千比特每秒，现在随便一个Wi-Fi的速度是100兆比特每秒的。

当时，从技术角度来看，音频所在的信号带宽在300～3400赫兹，理论上能调制出的最快传输速度是56千比特每秒，比我的单位生产的调制解调器速度快了几十倍。这就是当时我对于调制解调器的技术认知。

后来我有幸去了美国电话电报公司专门负责数据传输的子公司，才知道那时候贝尔实验室已经研究出了x数字用户线技术。美国公司的DSL的调制解调器能够在普通电话线上调制出2兆比特每秒的速度，令人瞠目。

再来看看价格。我的单位后来生产的普通调制解调器最多卖到100多元，专业型（具有专线功能）的也就卖到1000元。可是一台非对称数字用户线的调制解调器要多少钱呢？单价是650美元，即人民币4000多元，而专业的高速率数字用户线要几万元一台。

那时候我就彻底明白科技的价值到底是什么了，高科技后面带来的其实是高价值、高利润。

全世界能做5G的厂家很少，能做微波的厂家也不多，能够把5G基站和最先进的微波技术结合起来成为一个基站的，少之又少。

技术上的突破，能为我们的市场创造更多的机会，带来更多的生存支点。

1.5G的哪些业务会成为主赛道

通常，我们会把车联网作为5G的最主要的赛道。

最近有文章从技术层面非常专业地解释了5G的各种发展情况。我认为这里面提出的更多的是问题，是建设和发展5G会面临的各种各样的困难。

这些问题需要一分为二地去看待。5G的头雁效应和未来的整体价值不言而喻，特别是当前形势下，多种因素促使我们要集中力量拉动内需、拉动建设。

我认为，5G首先是给人使用的，"人"联网对于带宽和速度最有需求的莫过于视频。

3G催生了微博，4G催生了微信和成熟的社交网络，5G的"杀手级应用"一定是视频应用。从2011年年初的快手到2018年大火的抖音，这个趋势非常明显。各种喜马拉雅类语音收听节目的火爆后，下一轮大家更希望看到的应该是影像了。

我的团队在做的各类安防监控、医疗、行业应用等，其实也是以视频为主，只是过去受制于带宽和速度，压抑了大家在这方面的需求，因而很多可期的商业模式由于成本过高而不敢展开。

北京最近的停车系统实际上就是针对视频业务展开的，在此基础上还包括大数据的催熟、人工智能的创新等。

高清8K视频、VR/AR（虚拟/增强现实）视频、3D视频，这些都需要5G来承载才有可能实现。基于中国社会的文化特点，视频类应用的发展空间将远远大于语音、文字类应用。目前视频应用还处于初级阶段，比如现在大多数视频还是单向传输，缺乏双向互动。因此，我坚定地认为5G的"杀手级应用"将与高清视频紧密相关。这应该是最大的主战场。

至于像车联网等自动驾驶控制、广域无人机控制的"杀手级应用"，我认为是第二梯队的事情。有人提出过这样的应用场景，海量机器通信场景最大的特点是海量连接，成本低廉。此场景的应用本身就是"万物互联"，这已经够"杀手级"了，不过令人惊讶的成果往往是利用5G去改造原来离"万物互联"最远的行业，比如疫苗的流转（每支疫苗上安装一个5G芯片，疫苗的生产、流通全程实行透明监控）。这也是一个很有意思的思路。

还有一个很好的消息就是，5G下的视频应用将是个人创业者的最大风口。这不像物联网其他的产业方向那样需要投入重资金和更多的人力，所以大家应该从现在开始做准备。

❖ 思考 ❖

对于5G热门的视频应用，如果你是创业者，应该从哪里入手？

23　5G的核心技术在哪里

▶ 5G最关键的核心技术包括毫米波、小基站等方面。然而，5G的商用仅
仅是拉开了大幕，后面还有大量的技术难题需要攻克。

5G的核心技术是什么？

首先要明确，5G的先进性体现在哪里？

可以用三个词来概括：更高、更快、更强。这就是5G显著优于4G的特点。5G的峰值能达到10吉比特每秒以上。现实生活中，用4G下载一部电影可能需要几分钟，而5G可以在几秒钟内完成。那么，如何实现这么高的速度呢？

这确实需要突破多种高新技术才能实现，而并非只在某个领域中实现突破。5G最关键的核心技术包括毫米波、小基站等方面，其中毫米波技术是最重要的。

在无线通信中，增加传输速率一般有两种方法，一是增加频谱利用率，二是增加频谱带宽。频谱利用率就是调制的算法技术，比如在编码方面，现在华为的编码方案就作为5G的一个重要标准。

而增加频谱带宽的方法更简单直接。在频谱利用率不变的情况下，可用带宽翻倍提高数据传输速率。但问题是，现在常用的5吉赫以下的频段已经非常拥挤，

到哪里去找新的频谱资源呢？5G使用的毫米波就是通过第二种方法来提升速率。

根据通信原理，无线通信的最大信号带宽大约是载波频率的5%，因此载波频率越高，可实现的信号带宽越大。5G主要使用两段频率：FR1频段和FR2频段。FR2频段的频率就是毫米波。

毫米波还没有真正开始运营。有的时候，技术发展和商业过程需要分步实现。准确地说，我们现在处于5G研发的第一阶段。

除了速率高，毫米波还有不少优势。第一，波束很窄。相同天线尺寸要比微波更窄，具有良好的方向性，能分辨相距更近的小目标或更为清晰地观察目标的细节。

第二，传输质量高。这主要是由于它的频率非常高，所以毫米波通信基本上没有什么干扰源，电磁频谱极为干净，信道非常稳定可靠。

第三，安全性比较高。因为毫米波在大气中传播受氧、水气和降雨的吸收衰减很大，点对点的直通距离很短，超过距离信号就会很微弱。这增加了被窃听和干扰的难度。

然而，虽然毫米波可以极大提升无线通信传输速率且有很多附带的优势，但是也有一些天然的缺陷。

毫米波的主要缺点就是不容易穿过建筑物或者障碍物，并且可以被植物叶子和雨水吸收。这也是5G网络将采用小基站的方式来加强传统的蜂窝塔的原因所在。

毫米波的频率很高，波长很短，这就意味着其天线尺寸可以做得很小。这是部署小基站的基础。可以预见的是，未来5G移动通信将不再依赖大型基站的布建架构，大量的小型基站将成为新的趋势，可以覆盖大基站无法触及的通信末梢。

目前，各大厂商对5G频段使用的规划，是在户外开阔地带使用较传统的6吉赫以下频段以保证信号覆盖率，而在室内则使用微型基站加上毫米波技术实现超高速数据传输。

凭借毫米波和其他5G技术，运营商希望5G网络不仅能够为智能手机用户提供服务，而且能够在无人驾驶汽车、VR以及物联网等领域发挥重要作用。

❖ 思考 ❖

1.5G的核心技术体现在哪里？

2.毫米波的利弊分别是什么，未来应该怎样应对？

24 为什么物联网有真假"智慧"

▶ "万物互联"的未来发展趋势是"万物智联",这已经成为很多人的共识。但是,究竟怎么"智"?从感到知,从知到智,将是一个漫长的过程,也是值得期待的过程。

物联网发展的起源是人们要建设智慧地球和智慧城市。想要实现未来的智慧生活,前提就需要能够感知世界、连接万物,这是美好的初衷。在此基础上,最先发展起来的就是感知网,或者叫感知层。感知物体,通俗的解释就是物体的数字化和信息的实时化。

物体的数字化要求全方位的信息产生和监测,所以信息的维度就越来越全面。这不仅在于物体本身,还与周边的信息相关。这就意味着将扩展到物体的定位问题、信息联动问题等方面,因为任何物体仅仅只有单点式的信息纪录是没有太大意义的。

结合实际案例来分析,2014年,谷歌以32亿美元收购了一家做温控器的厂家,叫Nest。这是个名不见经传的厂家,谷歌为什么要花这么大的价钱收购它呢?要知道当时谷歌仅仅以29亿美元卖掉了摩托罗拉,难道摩托罗拉的价值不如初创的温控器厂家吗？

带着这样的疑问，业界都在探寻答案。谷歌收购的核心是什么？

第一，进入家庭的入口。

温控器是每个北美家庭的刚需。通过温控器可以搜集家庭生活的基础数据，从而帮助家庭控制生活的"温度"。

第二，物的大数据。

当把数据扩展到千家万户的时候，就会突然发现，这相当于打通了从某个社区到城市的家庭的环境情况，可以实现与其他生活状态的联动。

第三，智慧化。

大数据积累的下一步就是智慧化。不论是智慧城市还是智慧生活，其底层基础就是通过这样数以万计的感知能力去完成的。

"AI＋物联网"，这是目前的天然组合，不仅仅只是热点的组合，更需要在未来实现技术层面上的组合。

与早期提出的智能家居、智能交通等概念相比，现在的智能将更进一步，做到了因需而定。AI的发展将会不断地完善，人类的认知能力也在升级，从想法到实现再到更好。

现在有一个词叫"AICDE"，是指当前的几个技术热点话题。其中，每个字母的英文名称都代表着一个大方向，分别是指人工智能（AI）、物联网（IoT）、云计算（Cloud Computing）、大数据（Big Data）、边缘计算（Edge Computing）。

其实从技术层面来看，这个提法意义不大，只是帮助大家了解热点话题。现在的技术体系越来越相互融合，多种技术体系本身都是相通的。

以后，大家可能更愿意去排列组合，比如"AI＋IoT"即"AIoT"，但在字面上简单组合的结果不过是生凑概念、哗众取宠而已。智能，应该是一个发展的方向和趋势，需要从底层真正去了解，真正去打通。

当然，"万物互联"向"万物智联"发展肯定是趋势，仔细研究就有大机会。

从感到知，从知到智，将是一个漫长的过程，也是值得期待的过程。

物联网做好大连接是先决条件，然后才会有智能和智慧。

❖ 思考 ❖

1.谷歌收购Nest的经典案例给了你哪些启示？

2."物联网"走向"智联网"能够采取哪些方法？

25 什么是数字孪生

▶ 数字孪生是以数字化的方式建立物理实体的多维、多时空尺度、多学科、多物理量的动态虚拟模型，以此来仿真和刻画物理实体在真实环境中的属性、行为、规则等。

"数字孪生"这一概念最初于2003年由迈克尔·格里夫斯教授在美国密歇根大学产品生命周期管理课程上提出，早期主要应用在军工及航空航天领域。如美国空军研究实验室、美国国家航空航天局基于数字孪生开展了飞行器健康管控应用，美国洛克希德·马丁公司将数字孪生引入F-35战斗机的生产过程中，用于改进工艺流程，提高生产效率与质量。

由于数字孪生具备虚实融合与实时交互、迭代运行与优化，以及全要素、全流程、全业务数据驱动等特点，目前已被应用到产品生命周期的各个阶段，包括产品设计、制造、服务与运维等。

1.数字孪生的实践

人类有三种实践，物理实验只是其中一种，另外两种是理论推导和计算机模拟。其实都是实物的抽象。从这个角度来讲都算孪生，只不过不是数字而已。但一般而言，计算机模拟很大程度上也是要有理论支持才能实现的。

数字孪生是从数字主线发展而来的。仿真是一个大概念，而且是基础概念，所有针对物理世界的数字化模拟都可以叫作仿真，当然仿真也带有时空特性，可以对历史和未来乃至异构空间进行仿真，即使是不存在的世界也可以做仿真。仿真也有度评估指标，一般把仿真度达到95%以上的视为较好的仿真。数字孪生也算一种仿真，准确地说，是针对能控能观系统的仿真，更多地应用于既有物理系统的数字化虚拟中。

目前数字孪生系统的评估指标还没有严格定义，数字孪生系统的规模也有大有小。

2.数字孪生的特点

第一，它对物理对象各类数据进行集成，是物理对象的忠实映射。

第二，它存在于物理对象的全生命周期中，与其共同进化，并不断积累相关知识。

第三，它不仅对物理对象进行描述，而且能够基于模型优化物理对象。

当前数字孪生的理念已在部分领域得到了应用和验证。

3.数字孪生的应用

迈克尔·格里夫斯等将物理系统与其等效的虚拟系统相结合，研究了基于数字孪生的复杂系统故障预测与消除方法，并在美国国家航天局的相关系统中开展应用验证。

美国参数技术公司致力于在虚拟世界与现实世界间建立一个实时的连接，基于数字孪生为客户提供高效的产品售后服务与支持；西门子公司提出了"数字化双胞胎"的概念，致力于帮助制造企业在信息空间构建整合制造流程的生产系统模型，实现物理空间从产品设计到制造执行的全过程数字化；达索公司针对复杂产品的用户交互需求，建立了基于数字孪生的3D体验平台，利用用户反馈不断改进信息世界的产品设计模型，从而优化物理世界的产品实体，并以飞机雷达为例进行了验证。

从以上应用分析可知，数字孪生是实现物理与信息融合的一种有效手段。而物理世界与信息世界的交互与融合是实现工业4.0、中国制造2025、工业互联网、基于CPS的制造等的瓶颈之一。

数字孪生是用软件系统实现的，本身即是一个CPS系统。目前的CPS研究聚焦已有的CPS系统建模，而数字孪生实施聚焦则是建立一个新CPS系统。

随着新一代信息技术（如云计算、物联网、大数据、移动互联、人工智能等）与制造的融合和落地应用，世界各国相继提出了国家层面的制造发展战略，如工业4.0、工业互联网、基于CPS的制造、面向服务的制造或服务型制造等。

这些战略提出的背景虽然不同，但其共同目标之一是实现制造的物理世界和信息世界的互联互通与智能化操作，其共同瓶颈之一是如何实现制造的物理世界和信息世界之间的交互与共融。

孪生数据是未来实现物理世界和信息世界之间交互与共融的有效方法，正在被逐步纳入实践中。

❖ 思考 ❖

如何证明数字孪生是实现物理与信息融合的一种有效手段？

26 什么是产业互联网

▶ 产业互联网是新兴产物之一。这是2018年乌镇举办互联网大会以来最火的提法，包含了传统互联网企业的反思，体现了它们对未来出路的一种思考。

1.为什么提出产业互联网的概念

产业互联网相对应的是消费互联网。很多人就把二者解释成"互联网的下半场、互联网的新方向"。互联网在最初的发展过程中基本上是以人为主的，从人的需求属性出发，建立了若干个应用航母，包括社交、电商、搜索等。这些应用面临更多的是个人消费领域，因此很容易就套用了"消费互联网"一词。

客观地讲，当前互联网产业面临的是寒冬。中国互联网的中流砥柱腾讯公司，以及以互联网思维著称的小米公司，股价下跌，就连每季度保持高利润增长的阿里巴巴也在下跌。最后互联网"大佬"们说：不是我们不努力，确实是互联网上半场已经结束。上半场的主题是消费互联网，消费者已经被瓜分殆尽，碰到了天花板。除了七八十岁以上的老人和七八岁以下的孩子，很难寻找到新的增量了。

2.产业互联网是什么

早在2000年，硅谷的沙利文咨询公司就曾提出产业互联网的概念。在一份报告中，产业互联网被定义为"用复杂物理机器和网络化传感器及软件实现的制造业企业互联"。

不过，由于受到当时技术条件的限制，这一概念并没有得到重视。这让我想起了物联网的起源：1999年，关于一个口红在超市补货的故事。年轻的阿斯顿先生由RFID的应用引发了对物联网的思考。

2012年，通用电气公司发布了一份题为《工业互联网：打破智慧与机器的边界》的报告，对"产业互联网"进行了重新介绍，才让这个概念逐渐被人们接受。在英文中，"产业"和"工业"是同一个词，加之产业互联网的最早应用主要集中在工业领域，因此这一概念被引入中国时被译成了"工业互联网"。

后来，工业互联网的概念逐步和德国工业4.0的概念融合，成为产业互联网的通用翻译。不过，如果回顾一下原始文献便不难发现，产业互联网的应用领域并不止于工业，至少在通用电气公司的报告中就涉及航空管理、医疗等多个领域。

与消费互联网相比，产业互联网蕴含着更为巨大的商机，可以从两者的连接数和App需求量窥得一些端倪。消费互联网的连接对象主要是人与个人计算机、手机等终端，其连接数量大约为35亿个。而产业互联网连接的对象则包括人、设备、软件、工厂、产品以及各类要素，其潜在的连接数量可能达到数百亿。

再从App的数量上看，整个消费互联网现有的App只有几百万个。而据估计，仅在工业领域，产业互联网需要的App数量就约有6000万个。从功能上看，消费互联网解决问题的方式主要是连接消费者，帮助既有的产品更好地进行销售和流通。尽管它也会对生产产生促进效应，但总体来说，这种影响依然是间接的、有限的。

相比之下，产业互联网对生产的影响更为直接也更为明显。通过借力互联网，应用大数据、云计算、人工智能等技术，传统企业可以更好地设计出满足消费者需求的产品，更有效地组织生产，更快捷地实现产品的物流和销售，从整体上优化组织结构，提升生产效率。这对于促进新旧动能转换、实现产业优化升级、提升产业的国际竞争力等都具有十分重要的意义。

供给侧改革要求这些消费型互联网公司转向服务产业供给端。从向消费者提供衣食住行玩的体验为中心，转向为企业内部以及产业链提供互联网化为中心。

从生产、销售、流通、融资、交付几大领域进行技术开发和互联网改造，通过提升产业效率来获取收益。

这一番"闪转腾挪"后，产业互联网的"马甲"俨然有了"西服"的效果，顺应了上下潮流。

3.消费互联网公司能成功转型成产业互联网公司吗

转型为产业互联网的入口在哪里？

从企业方面来看，如今中国实体经济的日子也不好过，大部分公司希望通过转型来维持下去，但存在以下几个问题。

第一，各产业都具有自身的特征，使得发展产业互联网的规模优势很难实现。虽然产业互联网作为一个整体潜力巨大，但由于产业的形态各异，因此具体到每一个产业，市场都很小。在这种情况下，企业进行建设的规模经济就很难实现，投资很难得到回报。

第二，产业互联网对产业组织的变革有很大要求。如果没有组织的系统变革，单靠信息系统和技术来推动，产业互联网发展难度很大。然而，组织变革并非易事，难以在一朝一夕内实现。

第三，产业互联网的发展需要环环相扣，很难像消费互联网那样实现单点突破。在消费互联网中，企业的盈利模式相对简单，只要开发一个软件，开通一个App，就可以让用户下载，通过增值来获得收费。但是，产业互联网的发展却很困难，一个模式的成功往往需要其他产业和企业的配合，因此很难迅速发展。

第四，产业互联网对基础设施和技术的要求较高，对资本的需求也更大。互联网企业到底会不会、能不能通过对资金、数据、渠道、消费者等产业链上游资源的掌控，来抢夺实体经济的利益空间呢？综上分析，产业互联网从概念和理论上都是讲得通的，但实际运行起来还有很长的路要走。

4."大佬"们为何不旗帜鲜明地提出"拥抱物联网"呢

其实早在三年前，我就提出了"产业物联网"的概念，并写了一篇题为《如何重新定位物联网？》的文章，应该会给互联网企业带来重要的参考价值，当时我的判断是这样的：

这两年，我一直在做产业落地的工作，接触了很多政府部门，我发现从经济发展的角度去划分更为科学，而此时像NB-IoT这些新的技术也都蓬勃发展起来，所以我感觉应该大胆创新，重新定位物联网。

物联网的定义就是万物感知，万物互联，从而建立新的应用和新的模式，改变世界。

因此物联网的划分基本上分为两大维度：产业物联网和个人物联网。

其中产业物联网可以进一步分为工业物联网、农业物联网、电力物联网、物流物联网等，我们可以根据行业属性的不同去深耕细作。

而个人物联网更多的是面向民生应用、围绕个体抑或家庭的各项应用，包括各种可穿戴设备、健康管理、车载系统、娱乐等方面。

这样，做消费类的厂家就会重点解决老百姓关心的物联网，更偏向各项生活的改进。物联网对于基础产业的促进，就是传统意义上产业物联网的概念，两者之间划分清晰，为企业指出了发展方向。

很多人会有疑问，这样划分的根据是什么呢？其实这不仅是站在企业发展的角度去思考的，也有利于物联网产业在社会中的传播与普及。

很多企业的发展方向非常不清晰，核心战略出了问题。企业管理者认为自己具备某方面的核心技术，于是盲目跟风，捡了芝麻丢了西瓜。

后来结合我的团队组织申报的很多项目和案例，我发现这是一个共性问题：大多数人都喜欢做平台战略，于是围绕着某个大平台去布局，方案做得很完美，但在落地的时候资源不够，或者资金不够、人员不够，最后竹篮打水一场空。

可见，产业互联网的道路漫长，开局很重要，认知更重要。

❖ 思考 ❖

1.产业互联网的定义是什么？

2.产业互联网和消费互联网的关系是什么？

27 什么是3GPP

▶ 物联网的发展离不开网络，而网络是建立在通信系统基础上的。大部分人都不是通信专业出身，对于NB-IoT、3GPP、5G以及LPWAN这些物联网概念，有必要仔细梳理一番。

1948年，现代信息论的奠基人克劳德·艾尔伍德·香农发表了《通信的数学理论》，标志着信息与编码理论学科的创立。

根据香农定理，要想在一个带宽确定而存在噪声的信道里可靠地传送信号，无非有两种途径：加大信噪比或在信号编码中加入附加的纠错码。香农定理奠定了现代通信技术的理论基础。

1.什么是3GPP

3GPP（第三代合作伙伴计划）是一个成立于1998年12月的标准化组织。目前该组织成员包括欧洲电信标准化委员会、日本无线行业企业协会和电信技术委员会、中国通信标准化协会、韩国电信技术协会和北美世界无线通信解决方案联盟。

3GPP的目标是在国际电信联盟的国际移动通信-2000计划范围内制订和实

现全球性的第三代移动电话系统规范标准。它致力于从GSM（全球移动通信系统）到UMTS（通用移动通信系统）的演化，虽然从2G的GSM到3G的UMTS/WCDMA（宽带码分多址）的演化过程中，空中接口上的差别很大，但由于其核心网采用了GPRS（通用无线分组业务）的框架，因此仍然保持有一定的延续性。

2.3GPP的组织结构是怎样的，标准是怎样制定的

3GPP组织中包括项目合作组和技术规范组。其中，项目合作组主要负责3GPP总的管理、时间计划、工作分配等。而技术方面的工作则由技术规范组完成。

目前，3GPP包括四个技术规范组，分别负责核心网和终端、业务和系统方面、无线接入网方面的工作。其中，每一个技术规范组又可以进一步分为多个不同的工作组，每个工作组分别承担具体的任务。例如，有的工作组负责业务需求指定，有的工作组负责业务架构制定，有的工作组负责安全方面的问题，有的工作组负责编解码方面的工作。

3.什么是LPWAN

LPWAN即低功耗广域网络，专为低带宽、低功耗、远距离、大量连接的物联网应用而设计。

当前运营商的2G、3G、4G等蜂窝网络虽然覆盖距离广，但基于移动蜂窝通信技术的物联网设备有功耗大、成本高等劣势，当初设计移动蜂窝通信技术主要是用于人与人的通信。当前全球真正承载在移动蜂窝网络上的物与物的连接仅占连接总数的6%。如此低的比重，主要原因在于当前移动蜂窝网络的承载能力不足以支撑物与物的连接。

LPWAN技术正是为满足物联网需求应运而生的远距离无线通信技术。

❖ 思考 ❖

试总结3GPP的要点。

28 什么是物联网技术

▶ 物联网是某些技术的集合体，包含方方面面。

1.什么是物联网技术

物联网不是某一个单一的技术，准确地说，物联网是某些技术的集合体，包含方方面面。

2.哪些群体更关心物联网技术呢

我去外地出差的时候，总有朋友问我物联网专业未来发展如何。

原来这是孩子们上大学的一个重要的专业选择，物联网应用技术是物联网在高职高专（大专）层次的唯一专业。

本专业培养掌握射频、嵌入式、传感器、无线传输、信息处理等物联网技术，掌握物联网系统的传感层、传输层和应用层关键设计等专门知识和技能，具有从事WSN、RFID系统、局域网、安防监控系统等工程设计、施工、安装、调试、维护等工作的业务能力，具有良好服务意识与职业道德的高端技能型人才。

物联网的概念于2009年提出，不过在高校系统里，物联网专业普及很快，全国大约已经有几百家高校、高职院校开设了物联网专业。因为是个新的领域，所以很多家长和学生非常关心，尤其是高考填报志愿和大学毕业找工作的时候。

为此，我专门进行了研究，发现果然很有意思，而且通过大数据分析，能看出很多关于物联网的热点。

3.哪些省份的物联网应用技术比较热门，最关注物联网应用技术的群体有哪些

物联网应用技术前十大热门省份依次为广东、江苏、北京、浙江、上海、山东、湖北、四川、福建、河南。该排名与当前物联网发展的主要区域相吻合，更重要的是，基本上反映了各个省份的经济发展水平。广东和江苏所在的华南区和华东区始终在中国的经济版图上占据前两位，这不是偶然的现象。

科技代表生产力，生产力创造市场价值。天底下没有无缘无故的成功，背后实际上都是付出了巨大的努力的。物联网区域分布图不仅反映了区域热度，更反映出人才走向。物联网技术代表着明天的高科技，高科技人才集聚在哪里，哪里的经济就会高速发展。

再看年龄分布，物联网的兴起与发展应该是非常有机会的。主力人群首先集中在30～39岁，这是80后；然后是20～29岁，这是90后；接下来是40～49岁，基本上是60后和70后，可见物联网已经集聚了最有创造性的群体。

再来看物联网应用技术的关键点。2009年8月之后的三个月时间，正是中国物联网产业的开端之年。之后差不多每年的七八月份就是热点期，升学专业选择、毕业找工作一般都在这两个月进行。

物联网的专业分类也很多，不止前面讲的那么简单，现在已经全面开启5G和人工智能专业，很多高校都在研究人工智能和图像识别等技术。

❖ 思考 ❖

物联网应用技术专业的前景如何？

应用篇

29 如何布局物联网

▶ 物联网的布局从一开始就在如火如荼地进行，我们有必要学习一下巨头们是如何布局的。

一般来说，物联网元年是2009年。但是回顾历史，物联网真正在全球产生影响力是在2016年。

在这一年前后，整个IT领域里大事不断。

2015年5月，华为公开"1+2+1"的物联网发展战略。

2015年10月，微软公司正式发布物联网套件Azure IoT Suite。

2016年3月，思科公司以14亿美元并购物联网提供商Jasper，并成立物联网事业部。

2016年7月，日本软银公司以320亿美元收购英国ARM公司（全球领先的半导体知识产权提供商）。

2016年12月，谷歌公布物联网操作系统Android Things，并更新Weave协议。

除此之外，亚马逊、苹果公司、腾讯、百度等全球知名企业均从不同环节布局物联网。

接下来的三年也成了物联网产业生态发展的关键时期。

我们来看看软银收购ARM事件后续怎么发展，也就是软银为什么这样布局。

从历史上看，国际知名投资人、软件银行集团董事长孙正义的投资逻辑有浓厚的赌博色彩，恰好他运气又不错，所以十赌五胜。这已经是行业神话了。

在碎片化的过程和体系中，孙正义敏锐地选择了最底层，也是产业链最顶端部分的芯片。这种解读能力真是令人佩服。

其次，他敢下重手。过去我们对于海外的投资体系不了解，放弃了很多机会。320亿美元的收购费贵吗？是天价，但确实不贵。掌握了物联网时代60%份额的引擎，不买就再也没有机会了。

2017年轰动物联网界的事件是博通计划以1000亿美元收购高通，但高通坚决不卖。如果这是一种策略的话，可见孙正义总能在正确的时候干正确的事情，他的商业嗅觉太好了。

在物联网领域里，未来谁敢于出手投资芯片类的企业，谁就是最有远见的大师。

退一步来看，如果不能上手芯片行业，围绕周边做产业链的附属品也可以。

2018年，阿里巴巴也高举着物联网第五赛道的大旗上路了。显然，马云一直都在研究未来的布局方向。电商、金融、物流、云计算，马云对前面几个版块的判断可以说异常精准，阿里巴巴也因此积累了庞大的财富基础。

近几年，大家比较热衷的亮点无外乎大数据、机器人、AI、区块链和5G，所以盘算一下各自的家底和业务方向，很有必要。

❖ 思考 ❖

从孙正义的投资神话中能获得什么启示？

30 为什么碎片化是物联网最好的机会

▶ 众所周知，物联网最大的问题就是碎片化，很多行业内的人为此苦恼不已，可是今天我却要告诉大家一个秘密：碎片化才是物联网的真正机会！

在以人为核心的互联网时代，你可能缺乏机会，但是物联网不一样，你的目标是物。视角换位，到处都有机会。因为巨头们根本顾不上你，而你只要把有限范围的物连接好了，你的机会就到了。

1.小米公司

很多人说雷军使用的是互联网思维，但我认为是物联网思维。他在下一盘巨大的棋——布局物联网，集中力量做物联网的技术准备，第一枪是小米手环，直接颠覆了市场。

苹果公司做手表，还有很多巨头都在做穿戴设备，目的还是侧重一个中间地带——人和物的结合点。这里的"物"就是人的健康。小米直接把人和物的第一个连接点抓住了，然后开始布局整个生态系统，又用了一个高招——模仿。很多人总想创新，可创新太难了。雷军坚定不移地学习苹果公司，建立地面的4S店，是因为物联网要体验经济，要让人感受。

我前段时间去逛街，特意看了一下小米公司的专卖店，不仅仅是手机、Pad，还有台灯、平衡车、插座、电视、扫地机器人、加湿器等围绕家庭用的东西。据说只要是IoT的东西都做，策略都一样。雷军也许不知道未来的物联网入口在哪里，于是干脆布局所有赛道。今天小米公司是最有可能超越BAT三强的。最近的数据显示，小米公司已经建立起目前最大的IoT生态了，有几千万个IoT设备。

小米公司的经验就是在无数的物联网碎片中寻找机会。哪个产品是大产品呢？没有大产品，但加在一起就有望超越BAT。

2.华为

华为近年来的销售里传统电信业务下降了19%，这在过去是无法想象的。一家以运营商为主导的电信设备厂家主营业务出现将近20%的滑坡，在过去估计直接就崩盘了。而华为不但没有受到影响，还整体上涨了。原因是华为提早布局以手机为代表的物联网消费市场，弥补了巨大的下行压力。

我相信随着以NB-IoT为代表的5G物联网全面展开，将会产生巨大的新兴市场。

3.海康威视

被称为"中国最优秀的天使投资人"的龚虹嘉曾投资了一家叫海康威视的小公司，这家公司是主营视频监控业务的，典型的物联网项目。换成你，十年前你会拿出来245万投这个项目吗？大多数人绝对想不到245万未来能变成537亿！

这里面有巨大的不确定性，除了努力奋斗外，本质是他颇具前瞻性地进入了物联网世界。

摄像头就是物联网，它是另外一种感知终端。很多人都觉得只有传感器和RFID才是物联网，这样的认知太狭隘了，凡是面向"物"的管理，都是物联网。视频监控行业就是典型的对于视频数据信息的采集和管理。

我早年也参与过视频监控行业，那时候叫安防监控市场。现在有很多大项目叫平安城市和雪亮城市，人们没有意识到这就是物联网。现在除了海康威视，还有大华、天地伟业等，未来还会有更多的公司加入进来。随着全球反恐问题的加剧，这个市场还将继续扩大。

所以不用担心碎片化没有机会，海康威视抓住了大家都觉得难、都不愿意进入的机会，所以才能做大做强。

沿着碎片化思维不难看到，物联网最大的机会都是来自不起眼的碎片市场。因此，去找如何管理"物"的机会吧！

❖ 思考 ❖

结合抓住物联网碎片化机遇的成功案例，思考应该如何管理"物"。

31 什么是RFID技术

▶ 很多人对于物联网行业的认知都是基于传感网，也就是传感器。广义来看，大传感技术目前在行业里更多的是来自RFID技术的普及和应用。毫不夸张地说，RFID相关的应用就在你我身边。

1.沃尔玛的RFID技术

在商业上的应用，沃尔玛是RFID技术在零售和物流业部署当之无愧的鼻祖。

沃尔玛的目标是能够跟踪到所有的货物。大约从2000年开始，经过五年时间，沃尔玛完成了5个分销中心的部署工作，只占既定目标的一半还不到。在当时成本昂贵、技术和标准不统一的背景下，沃尔玛依然坚持投入、推广供应商一同加入部署。在推广部署RFID的路途上，沃尔玛可谓孜孜不倦地"教育"着合作伙伴。沃尔玛始终坚信RFID技术会带来更多的商业利益。这就是RFID基于物品追踪，到物品管理，再到实现电子信息化的物流管理体系。

沃尔玛随后还和其他早期采用者一起帮助制定了现在的ISO 18006-C标准和"第二代"标签扫描器标准。投资银行桑福德·伯恩斯坦公司的零售业分析师估计，通过采用RFID，沃尔玛每年可以节省83.5亿美元，其中大部分是不需要人工查看进货的条码而节省下的劳动力成本。虽然也有一些分析师认为这个数字过于乐观，但毫无疑问，RFID有助于解决零售业两个最大的难题：商品断货和损耗（因盗窃和供应链被搅乱而损失的产品）。单盗窃一项，沃尔玛一年的损失就差不多有20亿美元。

相关研究机构估计，通过RFID技术能够把失窃和存货水平降低25%。无独有偶，其实现在常说的物联网概念源自凯文·阿斯顿当年在宝洁公司负责连锁超市里的口红盘点。为了更好地解决口红的追踪管理问题，宝洁公司后来与麻省理工学院组织了一个专门的研发中心，以研究这个项目为主要的方向。

2.RFID技术的发展历程

追溯历史，美军是RFID技术最早的推动者。早在"二战"时期，美国空军和海军都面临着在陆地、海上和空中识别敌我目标的问题，为此开发出了"敌我识别系统"。这便是早期RFID技术的萌芽。

到了20世纪60年代后期，出现了一些稍微简单的商用RFID系统，主要用于仓库、图书馆中物品的安全和监视。这种早期的商用RFID系统被称为1比特标签系统，相对容易构建、部署和维护。但这种1比特系统只能检测被标识的目标是否在场，没有更大的数据容量，甚至不能区分被标识目标之间的差别。因此，早期的1比特系统只能用于简单的检测。

到了20世纪90年代，道路电子收费系统在大西洋沿线得到了广泛应用，这些系统提供了更加完善的访问控制特征。它们集成了支付功能，也成为集成RFID应用的开始。今天大量使用的电子停车收费系统，也就是ETC系统，它的核心原理就是RFID技术。

3.RFID技术的构成

RFID可简单分为硬件层和软件层。

硬件层为电子标签和读写器。电子标签主要由上天线、耦合元件和集成芯片组成。每个电子标签都具有唯一的电子编码，通过电磁波与读写器进行数据交换，具有智能读写和加密通信功能；读写器主要由无线收发模块、天线、控制模块及接口电路组成。数据交换和管理系统主要是把数据信息进行搜集、存储、管理和进一步处理，供用户使用，以及对电子标签进行读写控制。

软件层为数据交换和管理系统。

另外，RFID技术的基本工作原理其实也不复杂：读写器将要发送的射频信号经编码后加载到高频载波信号上，再经天线向外发送。进入读写器工作区域的电子标签接收此信号，卡内芯片的有关电路对此信号进行倍压整流、调制、解码、解密，然后对命令请求、密码、权限等进行判断，电子标签再根据命令进行处理。

4.RFID的技术核心

芯片是RFID技术的核心。

RFID芯片分为标签芯片和读写器芯片。标签芯片集成了除标签天线及匹配线外的所有电路，包括射频前端、模拟前端、数字基带和存储器单元等模块。对芯片的基本要求是轻、薄、小、稳定性高和价格低。在国内，本土厂商已有能力自行研发生产低频、高频段芯片，在小体积、低功耗上也取得了一定的成果，且相较国外厂商有30%以上的价格优势。

另外，作为信号传送的载体，RFID天线的重要性不言而喻。天线也分为标签天线和读写器天线。根据应用场合的不同，RFID标签可能需要贴在不同类型、不同形状的物体上，甚至需要嵌入物体内部。

标签天线和读写器天线分别承担了接收能量和发射能量的作用，这些因素对天线的设计提出了严格要求。天线的目标是传输最大的能量进出标签芯片，这需要仔细设计天线和自由空间及其相连的标签芯片的匹配。

假设在零售商品中使用，如果频带是435兆赫、2.45吉赫和5.8吉赫，那么天线必须要做到：

第一，体积足够小，才能够贴到物品上。

第二，有全向或半球覆盖的方向性。

第三，提供最大可能的信号给标签的芯片。

第四，无论物品什么方向，天线的极化都能与读写机的询问信号相匹配。

第五，具有鲁棒性。所谓"鲁棒性"，是指控制系统在一定（结构、大小）的参数摄动下，维持其他某些性能的特性。根据对性能的不同定义，可分为稳定鲁棒性和性能鲁棒性。

鲁棒性是在异常和危险情况下系统生存的关键。对于RFID来说，在输入错误、磁盘故障、网络过载或有意攻击的情况下，能否不死机、不崩溃，就是RFID的鲁棒性。

最后，除了具备以上要求，成本还要足够低。

5.RFID技术的优势

目前RFID在金融支付、物流、零售、制造业、医疗、身份识别、防伪、资产管理、交通、食品、动物识别、图书馆、汽车、航空、军事等行业，都已经实现了不同程度的商业化使用。

未来，RFID技术有不可替代的六大优势，也保证了物联网万物互联的有序发展。

（1）无须可视、批量读取，大量RFID标签可被读写器同时、快速、批量读取，一次可读取数百枚甚至数千枚标签。可以识别高速移动的物体，如火车、公交等。

（2）高容纳力。电子标签可存储更多信息，如生产日期、入库日期等，还可反复改写，重复使用。读取后的数据即时上传系统，加以处理，还可实现对产品的追根溯源。

（3）读取距离远。根据读写器的功率和天线的增益率，读取距离可从几十厘米到几米不等，远距离可以达到几十米以上。因为可以精准定位到厘米级，所以RFID也是极好的室内定位的有效手段。

（4）全球唯一性，不可复制。每个RFID标签都是唯一的，在生产标签过程中，便已将标签与商品信息绑定，所以在后续商品流通、使用过程中，这个标签都唯一代表所对应的那一件商品。

（5）保存周期长。RFID标签具有防水、防磁、防腐蚀、耐高温的特点。目前一般的标签保存时间都可以达到几年、十几年甚至几十年。

（6）高安全性。RFID标签的核心技术之一是芯片。众所周知，芯片开发的难度之大、造价之高。对于造假者而言，复制成本太高，且难以突破技术关卡。

RFID年增长27%以上，按照这个增势，预计到2022年，RFID行业市场规模将突破千亿规模。

❖ 思考 ❖

RFID技术的优势是什么？它可以具体运用到哪些商业场景？

32 如何突破物联网关键技术

▶ 梳理物联网五大类上百项关键技术，探究物联网技术未来的研发是工作的重中之重。

物联网产业有哪些关键技术要突破呢？物联网关键核心技术包括如下五大方面。

第一，研究低功耗处理器技术和面向物联网应用的集成电路设计工艺，开展面向重点领域的高性能、低成本、集成化、微型化、低功耗智能传感器技术和产品研发，提升智能传感器设计、制造、封装与集成、多传感器集成与数据融合及可靠性领域技术水平。说到底，传感器技术就是卡物联网脖子的关键。

1.核心敏感元件：试验生物材料、石墨烯、特种功能陶瓷等敏感材料，抢占前沿敏感材料领域先发优势。

2.强化硅基类传感器敏感机理、结构、封装工艺的研究，加快各类敏感元器件的研发与产业化。

3.传感器集成化、微型化、低功耗。

4.开展同类和不同类传感器、配套电路和敏感元件集成等技术和工艺研究。

5.支持基于MEMS（微机电系统）工艺、薄膜工艺技术形成不同类型的敏感芯片，开展各种不同结构形式的封装和封装工艺创新。

6.支持具有外部能量自收集、掉电休眠自启动等能量贮存与功率控制的模块化器件研发。

传感器重点应用领域：支持研发高性能惯性、压力、磁力、加速度、光线、图像、温湿度、距离等传感器产品和应用技术，积极攻关新型传感器产品。

第二，研究面向服务的物联网网络体系架构、通信技术及组网等智能传输技术，加快发展NB-IoT等低功耗广域网技术和网络虚拟化技术。物联网体系架构共性技术是横向发展的必要条件。

持续跟踪研究物联网体系架构演进趋势，积极推进现有不同物联网网络架构之间的互联互通和标准化，重点支持可信任体系架构及体系架构在网络通信、数据共享等方面的互操作技术研究，加强资源抽象、资源访问、语义技术以及物联网关键实体、接口协议、通用能力的组件技术研究。

第三，研究物联网感知数据与知识表达、智能决策、跨平台和能力开放处理、开放式公共数据服务等智能信息处理技术，支持物联网操作系统、数据共享服务平台的研发和产业化，进一步完善基础功能组件、应用开发环境和外围模块，特别是用户交互型操作系统和实时操作系统。

用户交互型操作系统：推进移动终端操作系统向物联网终端移植，重点支持面向智能家居、可穿戴设备等重点领域的物联网操作系统研发。

实时操作系统：重点支持面向工业控制、航空航天等重点领域的物联网操作系统研发，开展各类适应物联网特点的文件系统、网络协议栈等外围模块以及各类开发接口和工具研发，支持企业推出开源操作系统并开放内核开发文档，鼓励用户对操作系统的二次开发。

第四，发展支持多应用、安全可控的标识管理体系。加强物联网与移动互联网、云计算、大数据等领域的集成创新，重点研发满足物联网服务需求的智能信息服务系统及其关键技术。物联网与移动互联网、大数据融合关键技术。

面向移动终端，重点支持适用于移动终端的人机交互、微型智能传感器、MEMS传感器集成、超高频或微波RFID、融合通信模组等技术研究。面向物联网融合应用，重点支持操作系统、数据共享服务平台等技术研究。

突破数据采集交换关键技术，突破海量高频数据的压缩、索引、存储和多维查询关键技术，研发大数据流计算、实时内存计算等分布式基础软件平台。结合工业、智能交通、智慧城市等典型应用场景，突破物联网数据分析，挖掘可视化关键技术，形成专业的应用软件产品和服务。

第五，强化各类知识产权的积累和布局。

1.加强关键共性技术标准制定。加快制定传感器、仪器仪表、射频识别、多媒体采集、地理坐标定位等感知技术和设备标准。

2.组织制定无线传感器网络、低功耗广域网、网络虚拟化和异构网络融合等网络技术标准。

3.制定操作系统、中间件、数据管理与交换、数据分析与挖掘、服务支撑等信息处理标准。

4.制定物联网标识与解析、网络与信息安全、参考模型与评估测试等基础共性标准。

5.推动行业应用标准研制。大力开展车联网、健康服务、智能家居等产业急需应用标准的制定，持续推进工业、农业、公共安全、交通、环保等应用领域的标准化工作。

6.加强组织协调，建立标准制定、实验验证和应用推广联合工作机制，加强信息交流和共享，推动标准化组织联合制定跨行业标准，鼓励发展团体标准。支持联盟和龙头企业牵头制定行业应用标准。

未来是万物互联的世界，也是万物智联的时代，这些都需要依靠物联网的关键技术研发才能真正实现。

❖ 思考 ❖

1.华为的成功案例有哪些值得借鉴之处？

2.物联网有哪些关键技术需要突破？

33 物联网最佳商业模式是什么

▶ 我之前很少纯粹地输出理论，原因很简单：必须用事实说话，这些理论都是我从全球物联网的发展路线总结出来的。

我之前介绍的核心观点包括：

第一，碎片化是物联网的真正机会。

第二，认清互联网的本质是"人"联网，物联网的连接是面向"物"。

第三，万物互联是最大的陷阱。

第四，物联网的新窗口理论。

第五，物联网的超级模式将会以超级应用和超级服务的形式展开。

我最新的思考是，从以点带面到后端取胜。

两点成线，三点成面，点线面的关系是什么？

对于物联网而言就是战略问题。

互联网的核心是信息打通，然后是用户为王、流量变现。核心法宝就是免费。到移动互联网阶段，不仅仅免费，还要"烧"钱，以此建立起用户的使用习惯。这就是互联网的"流量经济"。

所以互联网当前的主要战场集中在哪里呢？就是入口争夺战，目标是用户。

大家可能会问，难道还要花钱买用户吗？就是要花钱买用户，线上的获客成本目前已经达到百元级别了。那么用户买来以后怎么赚钱呢？这是我们共同的疑问。

这要依靠互联网商业模式的最关键的核心——转移支付。

大家使用百度进行搜索，百度公司从来没有找大家收过费；大家使用QQ和微信，也是免费用的；360公司甚至直接把杀毒软件的费用给免除了……好端端的市场，卖软件可以赚钱，为什么这些互联网公司要免费呢？

这些免费服务是为了留住用户。厂家们还要花费巨额成本维护这样的服务。

怎么赚钱？用户没付钱，但有商家付钱了。

凭什么？凭借平台上的海量用户。只要用户在这些平台上免费享受各种服务，厂家就可以向商家收取费用。准确地说，是商家们按捺不住，主动花钱入驻网络平台。或做广告，或开网店，至少是通过定向广告引流，引导用户购买其产品。这就是典型的互联网生意模型。

此外，还有人头经济与资本运作。

相信绝大多数人都是从互联网开始认识资本运作的。这就是第二招后端取胜的法宝。

1块钱在现实中是1块钱，在资本市场上可能就是10块钱，甚至100块钱。因为公司市盈率不同，差距会是几倍、几十倍，甚至上百倍，海康威视就是典型案例之一。

物联网行业的从业者大多数是技术人出身，以过硬的技术和产品立命。他们谈到技术就开始眉飞色舞，谈起商业运营就有点黯然神伤，这基本上是行业的通病。怎么改变呢？

这么多年来，大家都在为此动脑筋。不过大多数时候还是疲于奔命，反而忽视了物联网的商业模式创新。

其实，我们忽略了最重要的要素：用户数量，没有充分考虑"物量经济"的威力。没有量的积累，哪来的后端取胜呢？当然，前提是你选择的那个"点"就是物联网的"物"。双木成林，三木成森。点到面的过程就是商业模型设计的过程，同时也是一次企业加速发展的过程。对于物联网来说，免费模式的可能性不大。

我更看好战略规划这个大方向，物联网的加速器随时对每个人开放。所谓十年磨一剑，总结核心观点真的不难，怎么改造自己的业务模式，就是一个大课题了。

物联网正迎来黄金窗口期，你准备好了吗？

❖ 思考 ❖

如何利用"物量经济"创新物联网的商业模式？

34 什么是NB-IoT

▶ NB-IoT即窄带物联网，是物联网技术的一种，具有低成本、低功耗、广覆盖等特点，定位于运营商级、基于授权频谱的低速率物联网市场，拥有广阔的应用前景。NB-IoT技术的主要应用场景恰恰是现有移动通信很难支持的场景，包括位置跟踪、环境监测、智能泊车、远程抄表、农业和畜牧业等。

1.NB-IoT的发展状况如何

2016年6月16日，在韩国釜山召开的3GPP RAN（无线接入网络）全会第72次会议顺利结束。NB-IoT作为3GPP R13一项重要课题，其对应的3GPP协议相关内容获得了RAN全会批准。RAN全会正式宣告，这项受无线产业广泛支持的NB-IoT标准核心协议历经两年多的研究终于全部完成。

从2015年9月启动立项到2016年6月冻结标准，进度之快反映出需求的迫切。按照规划，NB-IoT的3GPP标准核心部分在2016年6月冻结，2016年9月完成性能部分的标准制定，最后的一致性测试标准也在2016年12月完成。

全球运营商有了基于标准化的物联网专有协议，标准化工作的完成也标志着

NB-IoT即将进入规模商用阶段。

在5G商用前的窗口期和未来5G商用后的低成本、低速率市场，NB-IoT将有很大的应用空间，一些芯片和模组厂家也积极支持NB-IoT。

2.NB-IoT的优势是什么

（1）广覆盖

NB-IoT的覆盖比传统GSM网络强20db增益。如果按照覆盖面积计算，一个基站可以提供10倍的面积覆盖。

（2）海量连接

200千赫频率下面，借助NB-IoT，一个基站可以提供10万个连接。

（3）低功耗

NB-IoT通信模组电池可以独立工作十年，不需要充电。

（4）低成本

NB-IoT模组的成目标小于5美元。NB-IoT基于蜂窝网络，可直接部署于现有的GSM网络、UMTS网络或LTE网络，运营商部署成本较低，将实现向4.5G平滑升级。

（5）安全性

继承4G网络安全能力，支持双向鉴权以及空口严格加密，确保用户数据的安全性。

（6）稳定可靠

能提供电信级的可靠性接入，有效支撑IoT应用和智慧城市解决方案。

所以NB-IoT目前已经成为5G的重要组成部分。5G是一个双向发展的技术，速度更高、更快、延迟更低，且广覆盖、大连接、低速率、低功耗。

目前的大连接更多的是采用这样的窄带方式，这就是5G的序曲，也是特别适合物联网的"网"建设。

3.物联网发展的"三部曲"是什么

第一步，物的感知。

通过各种手段对物数字化，处理来自物的各种信息。这是前十年最重要的工作。

第二步，网的建设。

5G是最适合物联网的网络，无论窄的还是宽的。

第三步，联的工作。

物和网全都连接起来，就连出来各种各样的应用。这个连接的庞大与复杂将超出想象，500亿以上个连接是今天的互联网系统所无法承载的。

万物相联后，世界就将彻底改变，智能化社会就是物联网的下一个大目标。

❖ 思考 ❖

NB-IoT的优势是什么？主要应用于哪些场景？

35 从"互联网+"到"智能+"有哪些新机遇

▶ 近几年"智能+"的概念大火，甚至大有取代"互联网+"的趋势。

1.如何把握从"互联网+"到"智能+"的新机遇

2019年政府工作报告中首次提出了"智能+"的概念，政府工作报告中指出：深化大数据、人工智能等研发应用，壮大数字经济。打造工业互联网平台，拓展"智能+"，为制造业转型升级赋能。

这里有很明确的目标和方向，其目标是为制造业赋能，其方向是工业互联网，用词很讲究，叫拓展"智能+"。

这就意味着"智能+"首先是从制造业入手，为智能制造打基础。

回顾"互联网+"，从2015年首次出现，多年来屡屡写进政府工作报告。2016年政府工作报告上明确提出开展"互联网+"行动计划。最近几年也在反复围绕着"互联网+"进行从理念到意识的转变，或者说推进虚拟经济和实体经济的深度融合发展。

那么，到底发生了哪些深刻的变化，导致了从"互联网+"行动计划向"智能+"的转化？

这两个大规划都与当时的社会背景有很大关联。"互联网+"是推动互联网和实体经济深度融合发展，以信息流带动技术流、人才流、资金流和物资流，从而促进资源配置优化，促进全要素生产率的提升。"智能+"首先是把握数字化、网络化、智能化融合发展的契机，在质量变革、效率变革、动力变革中发挥人工智能作用，提高全要素生产率。

"智能+"的提出也不是偶然的，这几年已经积累了大量的智能经济的基础和经验，有些数据和案例很能说明问题。比如，阿尔法狗（一般指阿尔法围棋）相继战胜了韩国的李世石和中国的世界围棋冠军柯洁。人们终于意识到并相信人工智能绝非偶然，也绝非易事，它将深刻改变世界，改变我们的生活。

2.我们身边的事物有哪些智能化的趋势

一是2018年上半年开始的智能音箱大战。目前，国内智能音箱销售量超过千万级。

二是社区里面的智能快递柜，目前全国保有量已经突破30万组。还有很多菜鸟驿站，就是把小超市、小卖店作为快件的收发点，将信息直接发给用户，很方便。

三是北京全面实施路侧自动停车，可以随停随走，全部采用视觉自动识别。

四是新零售，也叫作智慧零售、无人超市。当然最简单的是无人售货柜，有巨大的市场空间。就以人均保有量的数据做比较，中国每4500人拥有一台无人售货机，日本每29人拥有一台。可见我国未来的市场空间巨大。

我多次提到未来是"物量经济"的年代，如何有效占有物权和数据是"智能+"的潜在课题。

2018年12月召开的中央经济工作会议上，明确提出要加快5G商用步伐，加强人工智能、工业互联网、物联网等新型基础设施建设。这又是一个重要的信号。

第一，这充分体现出三年来整个信息技术领域的高速发展。云计算和大数据体系的建设发展了智能经济，数据资源和算力资源上了台阶。

第二，物联网和智能硬件的发展为智能经济发展提供了保障。从智能手机、智能可穿戴设备，到智能家居、智能机器人、无人机、智能汽车，全新的智能设备正在潜移默化地改变生产资源配置。

第三，人工智能在云计算、大数据和各种智能终端的综合基础上得以飞速发展。人工智能的发展使得"智能+"有了验证的可能和发展的空间。

"智能+"将是"互联网+"的下一阶段。不管是消费互联网还是产业互联网，"智能+"都会被广泛应用。要深入研究"智能+"，未来涉及人工智能的主要行业不仅仅是制造业，还有医疗健康、金融、物流、商业、教育等很多行业。会有无数个想不到的惊喜，让我们拭目以待！

❖ 思考 ❖

我们身边的事物有哪些智能化的趋势？分别覆盖了哪些领域？

36 共享模式能否开启物联网的下半场

▶ 多年来，物联网发展受到制约的很大原因是，想要建立起完整的商业模式，就绕不开硬件，而物联网的硬件设施需要很大的投资。终于，共享单车给了我们启发。

共享经济会不会成为物联网下半场发展的范例？今天，这个问题的答案逐渐清晰了。

1.为什么早期共享单车遭遇了失败

站在全球的角度看，无论在日本，还是在欧洲的很多国家，共享单车除了有冲出国门的小橘车，当地还有其他单车。不过仔细观察一下，就会发现两者有很大的区别：海外单车都投放在固定的位置，有固定的场地和管理手段。

在共享单车最火爆的时候，我曾经跟日本朋友交流过，为什么日本没有这样大的规模。他们绝大多数人认为，共享单车属于野蛮生长，缺乏行业管理，而在日本不允许将单车随意停放。

共享单车快速发展的阶段，有个推动方式叫攻城计划。厂家把大批共享单车运到城市边缘，然后派代表去跟相关部门谈好条件，接着将单车直接投放下去，缺乏必要的规范和规划。所以用车的人也不会珍惜，将自行车乱扔乱放，到后来成了社会的公害。然后厂家不得不专门组织相关力量把扔在街边角落的单车拉回来，再统一投放出去，这又增添了一笔不小的成本。在共享单车的发展过程中，这样损耗掉的巨大成本可以说是其败因之一。

2.共享单车有多少技术含量

将几千万辆单车投放出去，相当于一个巨大的单车物联网系统，对于研究物联网的应用有着极强的说服力。

把单车有效地连接起来，形成一个遍布全国的单车联网系统，这至少涉及四个方面的技术。

（1）智能车锁

智能车锁是NB-IoT的主战场，对于研究物的管理起到了积极贡献。想要集中管理几百辆车的智能锁，绝非易事。

（2）定位问题

大多数人不知道，无论是GPS（全球卫星定位系统）还是北斗系统，定位都会有偏差。可以想象一下，如果位置误差在100米左右，怎么去判断和定位单车的位置呢？所以还要有包括移动基站在内的其他纠偏手段才能解决。

（3）系统的应用问题

现在一种共享单车至少有上千万的用户，如果这上千万用户在同一时段上使用单车，那么系统会面临很大的数据处理压力，从定位到计费系统都是巨大的考验。因为数据采集还要反馈到后台，与每个用户的具体信息进行匹配，然后用户才能很方便地使用单车。

（4）由共享单车带来的大数据

都说当今是大数据时代，对于数千万的共享单车，每天能够汇聚的数据量也是非常惊人的。

从共享单车要开发的后续业务来看，会吸引金融机构、保险机构、运营商等各种商业机构。对这些大数据加以分析处理，就会发现很多有意义的商业价值。

共享单车的下半场应该也是共享经济的下半场，它让我们看到共享模式的创新和价值。由此引发的共享电源、共享雨伞、共享按摩等，都是受到了共享单车的启发。

3.共享模式下半场应该注意哪些方面

第一，共享模式是降低成本的有力武器。

共享模式巧妙地把单个产品或者项目的成本转化为社会共享机制，通过大规模使用，将成本迅速达到硬件本身的边界状态。那么在这个基数上，原来的硬件成本就可以忽略不计。所以共享模式是投资收益的最佳方式之一。

第二，共享模式是未来产生物联网大数据的有效途径。

物联网是碎片化的，是垂直起降的，是小而美的。单体规模在适度规模下，才能更好地发挥作用。

过去，跨城市、跨区域，甚至跨国经营，在行业和产业发展初期会产生弊大于利的效果。任何行业的发展规律都是从小到大，需要一步步踏实地走，活下去是首要目标。如果想让共享模式成为物联网经济的有效手段，一定不要盲目放大、靠"烧"钱建立免费用户体验。

最后，共享模式的下半场才刚刚开始，有很多共享赛道在等待着我们，关键是放好心态，做小不做大，先练好内功，再"争霸武林"。不要被资本左右，寒冬下，实体经济感觉冷，资本也同理，因为大家都在一个屋檐下。

下半场，空间很大！

❖ 思考 ❖

1.为什么共享单车在中国的发展规模能超越其他国家？

2.发展共享模式应注意哪些方面？

37 为什么新零售不仅仅是无人零售

▶ 新零售是以互联网为依托，通过运用大数据、人工智能等先进技术手段，对商品的生产、流通与销售过程进行升级改造，进而重塑业态结构与生态圈，并对线上服务、线下体验以及现代物流进行深度融合的零售新模式。

1.新零售

经历了十多年的互联网电商变革，当淘宝彻底把街头小店打得落花流水之后，互联网线上的天花板也渐渐显露出来，商家们首次将线下体验加入大变革的浪潮中。巨大的线下零售存量市场，正式开启了大变革时代。随着阿里巴巴、腾讯以及家乐福等零售厂商的介入，目前新零售行业基本形成以互联网巨头、零售商和创业团队三种背景"玩家"参与的态势。

互联网巨头以物联网和人工智能为核心构建无人零售网络。互联网公司拥有物联网、人工智能等技术，布局高级态的人工智能化的无人零售，消费数据是他们想要的，目前处于测试阶段。传统零售商以RFID为核心改善零售网络，是主要的推动者，在规模化的连锁商超等运营方面对人力成本较为敏感。

创业公司以二维码成本最低方案试水无人零售。创业公司主要涉及贴近消费者如办公类、社区类的无人售货机之类的小单元，规模一般来说相对较小，大多是对便利店或商超的截流，本身是流量模式而非零售模式。

三种业态中，以AI为基础、互联网巨头推动的无人零售方案为终极趋势。

2.无人零售

无人零售总体来说经过了三个阶段：从历史发展来看，包括多品类、有人售卖的便利店1.0模式；少品类、标准化的自动售货机2.0模式；3.0模式则是融合前两种零售业态优点的一种新兴业态，其最大的特点是没有收银、安保等线下门店人员，用户在坐落于社区、街边等地的无人零售门店选购商品后自行结账付款完成消费。消费流程主要分为扫码认证或人脸识别、挑选商品、根据数据自动结算、结算离开四个环节。

每个模式的优点及缺点总结如下：

（1）零售1.0：便利店、超市等（传统模式）

优点：多品类、面积大

缺点：人员成本高

（2）零售2.0：自动售货机（互补模式）

优点：无人化、标准化产品

缺点：面积小，需及时补库存

（3）零售3.0：无人零售（终极形态）

优点：无人化、精准服务、快捷、体验完美

缺点：暂无

无人零售最直接的好处是节省成本。从目前来看，通过管理和运作，人工成本尚未影响企业利润，但是在可预见的两年内，人工成本将决定企业的利润，所以无人零售是零售商始于成本端的一次探索，当然无人零售真正顺利实行也将提供更快捷的收银效率和购物体验。

通过分析永辉和家乐福的财务报表，发现人工成本是超市行业最大的成本。例如2016年永辉人工成本占营收的7.41%，占毛利的37%；人均用工成本在持续上涨，中国劳动力稀缺；在现有的营业能力下，超市的用工效率导致人工负担进一步加重。除节省成本外，拿到消费数据、实现全渠道零售是无人零售的内在驱动力。

数据驱动的零售业中，速度乃是重中之重。快速了解隐藏在众多渠道数百万日常交易背后的模式，有助于让购物者无论在何时何地都能获得所需商品，从而提高销售收入。

天猫等网上商城的火爆颠覆了传统零售行业，让数据驱动的零售行业开始了变革的第一步。实时业务需要实时数据和分析，全渠道零售正在迅速成为零售业的新常态。在这一演变过程中，无人零售变成尤为重要的一环，正向的"任何地方、全天候的销售商品"和逆向的"回收消费者信息与商品信息"，形成新零售的完美闭环。

无人售货机被誉为"线下零售网络的毛细血管"，将是实现无人零售全覆盖的重要基石之一。

以RFID为基础的物联网路线正在转型机器视觉方案。便利店内的每件商品上均贴有RFID标签，用于结账收款；顾客离开时重力传感器被触发，门禁控制主机激活RFID标签读取器和微波雷达工作。

当消费者通过防盗门时，RFID读取器将读取相关商品信息，查询后台服务器检测商品是否已完成结算；当微波雷达检测到消费者的运动方向靠近大门，并且商品已全部完成结算时，门禁控制主机控制大门驱动器打开大门；当检测到不存在未结算商品，然而微波传感器检测到消费者半路折返时，系统认为消费者选择继续购物，提示灯和音箱不会提醒消费者有未结算商品，同时大门不会打开。

无人零售龙头——亚马逊无人便利店，其交易过程可分为六步。

第一，消费者用手机像地铁刷卡那样进入店铺，与此同时，位于入口处的摄像头会进行人脸识别。

第二，当消费者在货架前停下来时，摄像头会捕捉并记录消费者拿起的商品以及再次放回去的那些。

第三，放置在货架上的摄像头会通过手势识别，消费者是拿起了一件商品（欲购买）还是拿起一件商品看了看又放回货架（不购买）。

第四，店内麦克风会根据周围环境声音判断消费者所处的位置。

第五，货架上的红外传感器、压力感应装置（记录商品被取走）以及荷载传感器（记录商品被放回）会记录下消费者取走了哪些商品以及放回了多少商品。

同时，这些数据会实时传输给商店的信息中枢，每位顾客都不会有延迟。

第六，离店时，传感器会扫描并记录下消费者购买的商品，同时自动在消费者的账户上结算金额。

与智能识别相比，RFID标签成本较高，不利于大规模推广，且难以实现即拿即走的用户体验。RFID标签目前行业成本基本在0.2～0.5元，对于客单价低的商品来说，很难承受。此外，对于B端商家来说，要为每个商品植入RFID标签需耗费诸多人力。而且由于RFID标签的射频属性，还会受到介质的影响，如牛奶、罐装饮料等金属、铝箔纸包装利用RFID标签可能无法读取商品信息。

所幸，基于"人工智能+无人零售"的解决方案陆续推出，图像识别技术取代了此前广泛使用的RFID电子标签，可以节省给商品贴标签的人工和成本，并且改造成本极低。智能收银台通过图像识别、超声波、传感器等多重交叉验证提高了准确率。

未来无人售货机会变成一个在特定场景下百米内触达用户的微型超市，利用"智能硬件+IoT"的优势与用户交互，完成一次"云+端"的重构。

无人售货机将是实现无人零售全覆盖的重要基石之一。此外，无人售货店遍布线下各地之后，可以利用渠道优势，精准投放广告，包括机身、显示屏、支付跳转界面等方式。

无人售货机将在未来快速布局，发展空间巨大。日本已有560万台无人售货机，其出售商品多达6000余种；美国拥有680万台无人售货机，平均每35人一台；欧洲平均每60人一台。目前中国只有19万台无人售货机，市场空间巨大。随着无人零售的爆发，互联网、品牌商以及传媒等各大巨头也势必会强势介入。

不管是新零售还是无人零售，最终的选择都是智能零售，商机无限。

❖ 思考 ❖

1.简述无人零售的交易过程。

2.零售3.0模式的优势有哪些？

38 智能汽车会成为下一代移动智能终端吗

▶ 当智能手机走向巅峰状态时，不仅仅体现在对于社会经济的颠覆性改变，更让我们发现，原来某个智能产品居然有如此神奇而巨大的威力。那么在物联网时代，类智能手机这样的智能硬件将越来越多，哪一种会带来更加颠覆的效果呢？目前一致认为智能汽车会是这样的产品。

车联网将汽车组成数据互动网络，通过搭设大量的传感器和先进的通信技术，对包括车辆、公路、人、环境等信息进行感知和交换，从而实现自动驾驶、智能车辆管理等。

1.什么是车联网

从体系上讲，物联网可分为"云—管—端"，而车联网通常指的就是"管"。主流的技术包括DSRC（专用短程通信技术）和C-V2X（基于蜂窝的车联网技术）。DSRC起源于美国，发展较成熟，但属于短程通信，应用面相对较窄；C-V2X为3GPP所主导，发展相对较早，但属于广域连接技术，应用覆盖面较广。

从3G到4G，开启了移动互联网时代。5G来临后，下一代可类比智能手机终端的，则有可能是智能汽车，其有望进一步引爆车联网市场。

车联网的终极目标是自动驾驶，"电子化+联网化"成为趋势。应用场景包括远程监测、车载娱乐、智能控制、辅助驾驶/自动驾驶。前三个已经实现，终极目标是实现自动驾驶。

目前，实现自动驾驶的路线有"网联化""自主式（汽车电子化）"和"自主式+网联化"三种，后者已经成为主流。

车联网需要更低延时和更高可靠性的通信网络，一方面，车辆在高速运动过程中，要实现碰撞预警功能，通信时延应当在几毫秒之内；另一方面，出于安全驾驶的要求，相较于普通通信，车联网需要更高的可靠性，而且是能够支持高速运动的高可靠性。5G移动边缘计算、边云协同技术可以满足车联网在高可靠性、低延时方面的严格要求。

2.国内对车联网的发展规划

工信部明确规划，2020年车联网要走向规模商用。2018年11月，工信部明确车联网的专用通信频段为5905～5925兆赫。

2018年12月，工信部制定了《车联网（智能网联汽车）产业发展行动计划》，明确提出，2020年要实现车联网用户渗透率达到30%以上，新车驾驶辅助系统（L2）搭载率达到30%以上，联网车载信息服务终端的新车装配率达到60%以上。

2020年是车联网从示范商用走向规模商用的节点。自动驾驶开放路测，牌照密集发放，为产业化奠定了基础。

2018年以来，以北京为始，先后有上海、重庆、长沙、深圳、长春、平潭等10座城市开放自动驾驶路测，并且颁发牌照。国内首张路测牌照于2018年3月份在北京颁发给百度。截至2018年年底，全国已颁发101张牌照，涵盖互联网厂商、车厂、共享出行平台等32家企业，其中百度超过50张，具有绝对领先优势。

上述政策将给自动驾驶走向产业化奠定坚实基础。车联网产业链较长，涉及厂商众多，巨头纷纷布局车联网，包括百度、阿里巴巴、腾讯、华为以及各大汽车厂商等。

3.车联网的产业链是怎样的

车联网产业链包括汽车零部件（各类零部件、控制器、传感设备等）、车载终端、芯片、软件系统平台及云服务、高精度定位导航、高精度地图、网络、汽车制造商等。

车联网的发展方向是自动驾驶，重点是汽车自身的电子化与智能化，涉及感知、决策、执行三个层面。

车联网技术多且复杂，产业链较长，可以简单地将其分为三类：终端侧硬件技术、控制平台类软件技术、基础设施类技术。三类核心技术指引了未来车联网的投资方向。要重点关注自动驾驶产业链相关公司，包括高精度定位导航、高精度地图、汽车电子部件（雷达/摄像头/控制）、智能车载终端、车轨级通信模组等供应商。

由此可见，车联网和智能汽车的产业链超级长，基本覆盖了从市政基础设施建设，包括路口周边、路侧、各种信号灯，到网络建设本身。接下来就是智能车，除了传统的车场，这已经是最大的产业链，还将进一步带动传感器的生产。最后就是整个信息化系统及其应用。未来很有可能是传统车企向智能车转化，更有可能是智能手机等厂家向智能车转化。当然，造车的难度是造手机难度的无数倍，但在市场和利益的驱动下，人是无所不能的。

苹果公司和谷歌等都已经在研发智能车了，下一个造车的手机厂商会是哪家？大势所趋。1000万台手机是1000亿，而1000万台智能车可能是1万亿到100万亿，还有数倍以上的带动效应。

谁能不心动呢？智能车就是下一个超级明星！

❖ 思考 ❖

未来，车联网的投资方向是什么？

39 物联网能否唤起蓝牙无线的新活力

▶ 对于很多物联网传感器的数据采集来说，蓝牙技术无疑是一个非常重要的选择，特别是蓝牙技术在电脑和智能终端上的广泛应用。据不完全统计，蓝牙模块每年的出货量远远超过包括Wi-Fi在内的其他无线技术。

1.蓝牙技术的来源

"蓝牙"一词来自10世纪的丹麦国王哈拉尔德的绰号。出身海盗家庭的哈拉尔德统一了北欧四分五裂的国家，成为维京王国的国王。由于他喜欢吃蓝莓，牙齿常常被染成蓝色，因此人们称他为"蓝牙"。当时蓝莓因为颜色怪异的缘故被认为是不适合食用的东西，这位爱尝新的国王也成为创新与勇于尝试的象征。

1998年，爱立信公司希望无线通信技术能统一标准，遂取名"蓝牙"。1998年5月，爱立信、诺基亚、东芝、IBM和Intel公司五家著名厂商，在联合开展短程无线通信技术的标准化活动时提出了蓝牙技术。其宗旨是提供一种短距离、低成本的无线传输应用技术。这五家厂商还成立了蓝牙特别兴趣组，以使蓝牙技术能够成为未来的无线通信标准。芯片霸主Intel公司负责半导体芯片和传输软件的开发，爱立信负责无线射频和移动电话软件的开发，IBM和东芝负责笔记本电脑接口规格的开发。

当前，室内基于蓝牙技术的物联网数据上报多采用蓝牙网关回传方式，考虑到蓝牙无线传输距离的限制，一个蓝牙网关通常仅能支持10个左右的蓝牙传感器。

2.现代蓝牙技术解决方案

采用智慧室分解决方案后，蓝牙传感器首先经过无线传输方式将数据传输给智慧室分天线，再经过有线传输方式将数据传输给蓝牙网关，相比传统方式可支持的蓝牙传感器数量增加了几十倍。因此，智慧室分解决方案有效降低了蓝牙传感器的建设及维护成本，同时该方案可随着5G室分网络进行同步建设，具备明显的规模化优势。

近两年来，蓝牙技术也有了很大的变化。

蓝牙的标准是IEEE（电气与电子工程师协会）802.15.1，蓝牙协议工作在无须许可的ISM频段（开放给工业、科学、医学三个机构的频段）的2.45吉赫，最高速度可达723.1千字节/秒。为了避免干扰，可能使用2.45吉赫的其他协议，蓝牙协议将该频段划分成79个频道（带宽为1兆赫），每秒的频道转换可达1600次。

蓝牙技术联盟于2016年6月16日在伦敦召开会议，正式发布蓝牙5.0标准。此举实现了多重优势：第一，蓝牙5.0针对低功耗设备速度有相应提升和优化；第二，蓝牙5.0结合Wi-Fi对室内位置进行辅助定位，提高传输速度，增加有效工作距离；第三，蓝牙5.0针对低功耗设备，有着更广的覆盖范围和相较现在4倍的速度提升；第四，蓝牙5.0会加入室内定位辅助功能，结合Wi-Fi可以实现精度小于1米的室内定位。传输速度上限为24兆比特每秒，是之前4.2LE版本的2倍。有效工作距离可达300米，是之前4.2LE版本的4倍。添加导航功能，可以实现1米的室内定位。

3.未来智慧室分与物联网的重点应用领域

未来，智慧室分与物联网的应用前景广阔，重点是以下几个领域：

楼宇内温湿度管理。智慧室分天线内安装的物联信息回传模块可以收集楼宇内的无线温湿度计信息。在管理平台进行数据分析后，可以对温湿度过高或者过低的区域进行定位，并通过智慧室分天线内的蓝牙模块向智能温湿度调控系统发送调整指令，从而达到舒适环境要求。同样，空气净化管理、声控管理、智能抄表和智能照明都可以采用此解决方案。

医院设备管理。为了提高设备的使用效率，降低管理成本，可以在设备上安装蓝牙信标。对于智能化设备，可以通过其内置的蓝牙模块与智慧室分天线通信，实时上报设备状态信息，实现物联信息收集功能。

商超冷链管理。在运输和保存过程中，针对需要恒温储藏的商品，温度的监测和管理非常重要。因此可为这类商品安装集成蓝牙模块的温度传感器，实时将温度、位置等信息通过智慧室分天线上报给信息管理平台，在后台实现统一的管理。对于支持远程温度控制的储藏设备，智慧室分系统还可以根据实时温度对其进行温度的动态调节，极大地减少了冷藏商品在运输和储藏中由于温控不当造成的经济损失。

博物馆智慧物联系统。针对某些温度、湿度、光强等环境参数有较高要求的场景，环境参数的统一管理更加重要。智慧室分解决方案允许在现有设备上安装内置蓝牙模块的环境传感器，向信息管理平台上报实时运行状态，例如电气设备的工作状态、实时温度、烟雾浓度、光照强度等。针对支持动态调节参数的设备，信息管理平台还可以通过反馈系统对所在环境进行实时调节。

随着5G的到来，很多物联网早期的技术都能焕发出新的活力，特别是蓝牙这样保有量巨大的无线通信模块。所以，5G不仅仅是改变社会，更重要的是将技术创新进一步打通，取得重要进展。

❖ 思考 ❖

1.蓝牙技术的发展历程是怎样的？

2.未来，蓝牙技术如何在物联网时代发展？

40 如何有效解决物联网的室内定位问题

▶ 物联网的核心就是解决物体的信息数字化问题，这要求感知物体的全面信息，包括位置信息。而且大数据时代，室内精准定位的需求逐渐增多。

1.哪些应用场景对室内精准定位有需求

近几年，室内定位问题成为一个重要的研究方向，人们也在寻求突破。室内精准定位在以下应用场景有需求。

大型商超中的室内定位。在移动互联网与大数据时代，商场的管理者已经意识到，要想在残酷的线上线下竞争中保住市场份额，就需要给顾客带来更好的购物体验。消费数据体现了顾客的购物偏好，而用户在室内的位置数据则记录了顾客的行为习惯及购物偏好。通过精准的室内定位可以提供基础定位数据，从而可以将消费数据与位置数据相结合，通过大数据分析实现基于位置的精准营销，为用户提供更好的购物体验。

大型场馆中的室内定位应用。对于大型场馆，如博物馆、展览馆、机场、火车站等场所，室内定位的需求同样巨大。目前，大多数博物馆由于讲解员人数有限，不能逐一满足参观团队讲解的需求。而通过室内定位技术，可以充分利用观众普遍使用的智能手机作为移动终端，将展品信息以及整个展馆的参观线路全部加载到观众的手机上，参观者可通过文字、语音及视频信息对展品进行了解。此外，在机场，通过室内定位和地图导航，可方便旅客查找登机口、值机柜台。

特定行业应用。在某些特殊行业应用中，室内定位也发挥着重要作用。例如，目前大部分监狱还停留在以狱警巡查、摄像头监视报警的阶段，人工作业占绝大比重，信息化程度比较低。室内定位技术可对现有的监狱系统进行改造，实现对服刑人员的实时定位、越界（危险区域）报警。通过实时统计、重点人员行动跟踪、轨迹回放等功能，减小监狱的安全隐患，提高管理水平。对于医院来说，同样也存在室内定位的需求。现在许多三甲医院每日的门诊量都爆满，还有大量的医疗设备需要进行管理，这些都离不开室内精准定位。

2.如何用技术手段解决室内定位问题

随着智慧城市、物联网、移动互联网等技术成为全球信息产业新一轮竞争的制高点，人们对室内定位的需求日益增加，如何通过技术手段来解决室内定位问题，满足实际的精度需求已经成为亟待解决的问题。

当前精准室内定位主要采用无线通信、基站定位、惯导定位等多种技术，集合形成一套室内位置定位体系，从而实现人员、物体等在室内空间的位置监控。除通信网络的蜂窝定位技术外，常见的室内无线定位技术还有Wi-Fi、蓝牙、红外线、超宽带、RFID、ZigBee（也称紫蜂，一种应用于短距离和低速率下的无线通信技术）和超声波等。

在上海世界移动通信大会上，中国移动研究院与京信通信联合开发了融合智慧室分解决方案的业界首款商用5G开放平台小基站方案。智慧室分与5G小基站组合实现的融合组网方案大幅降低了5G室分建设和运营成本，并且同时具备室分故障监控、室内弱覆盖分析、室内精准定位、商业广告推送和物联信息收集上报五大核心功能。基于智慧室分的定位方案同时具有物联数据收集的新功能，传感器实时采集展会现场温度数据，基于蓝牙通信协议将数据上报至智慧室分天线内置的蓝牙模块，再将数据转发至智慧网关，最终实时呈现在网管平台。

当前除了商用技术基本采用Wi-Fi、RFID等无线通信基站方案，针对应急救援主要采用惯性导航等技术方案。谷歌手机地图6.0版已经在一些地区加入了室内导航功能，此方案主要依靠GPS（室内一般也能搜索到2～3颗卫星）、Wi-Fi信号、手机基站以及根据一些"盲点"（室内无GPS、Wi-Fi或基站信号的地方）的具体位置完成室内的定位。后来，谷歌想通过"众包"的方式解决数据源的问题，即鼓励用户上传建筑平面图。另外，用户在使用谷歌的室内导航时，谷歌会收集一些GPS、Wi-Fi、基站等信息，通过服务器进行处理分析之后为用户提供更准确的定位服务。

相关市场调研公司的分析预测报告显示，室内定位技术的市场规模将从2017年的71.1亿美元增长到2022年的409.9亿美元，年复合增长率高达42%。根据中国产业信息网的预测，2022年全球物联网连接总数将接近200亿个，其中采用局域物联网（Wi-Fi、蓝牙等）的大约占比75%。目前室内定位及物联网市场总规模将超过千亿美元，可预见的未来还将继续快速增长。室内的情况千差万别，最终还是根据实际情况决定。

不可否认，运营商在5G时代可以借助室内基站的优势，积极拓展室内定位及物联网领域新业务，从传统数据业务提供商转型为室内定位业务和物联网业务提供商。

❖ 思考 ❖

1.室内精准定位在哪些具体应用场景有需求？

2.未来如何用技术手段解决室内定位问题？

41 从找钢网到钢联网带来了什么启示

▶ 以钢铁行业为例，传统产业升级转型将带来巨大的市场机会。

1.找钢网的历史与发展

过去，钢铁行业里具有变革性的代表是"找钢网"，这是一家在互联网时代钢铁领域中快速成长起来的互联网企业。

截至2018年上半年，同找钢网合作的钢厂达115家，注册用户累计超过10万家，遍布中国31个省份的295座城市。同时，围绕"一带一路"及国际化业务布局，找钢网已在韩国、越南、泰国、阿联酋、缅甸及坦桑尼亚等国设立海外公司。

近几年，中国钢铁行业已经达到了几万亿的规模，并且还是在行业整合、小钢厂关停并转的基础上。

2.钢联网的全产业链业务

如何通过物联网技术给这个行业带来新机会呢？从源头的铁矿石开采到生产制造、仓储、物流等，钢铁行业的产业链非常长。钢铁价值链是一个综合型全产业链服务，包括钢铁贸易、物流、仓储加工以及供应链金融、国际电商、大数据服务等。其中的核心就是"钢材"这个主角，所以不如叫作"钢联网"。

钢联网能够实现资金流、信息流、实体流的三流合一，从而改善之前金融的信用体系，同时也能影响银行、证券、保险、租赁、投资等众多金融领域的原有模式，带来金融业的创新和变革。

钢联网的全产业链业务已全面拓展到一站式信息化仓储加工服务、第四方物流平台、互联网金融业务、国际电商等。其发展将极大助力中国钢铁行业的转型升级，改变其粗放式发展模式，促进行业从较混乱的"批发制"变革为较先进的"零售制"。

建立钢联网的大数据平台，将有利于银行等金融机构快速、便捷、安全地支持上游制造业和下游小微服务业。同时，钢联网还能建立跨境零售渠道。这将有助于钢铁行业等制造业更好更健康地走出国门，改变其过去粗犷的出口模式。

那么，钢联网需要哪些物联网技术呢？

从产业链各个环节来看，对应钢厂制造环节的工业物联网，对应钢材物流环节的溯源、定位和监控，还对应交易环节的区块链技术等。以最简单的仓储为例，钢联网的仓储也需要RFID和传感器等的监测。

钢联网的价值还体现在，作为产业互联网的标志性行业，未来将成为各个传统领域的产业互联网和B2B电商争相模仿的对象。在塑料、化纤、棉纺、煤炭等领域势必诞生一批各个传统行业的某联网，必将对中国传统经济的转型升级提供非常关键的帮助。

要想做好钢联网，首先需要与金融做好结合，过去叫供应链金融，也叫互联网金融。不过，相较于物联网金融，钢联网有几个很大的特点：

一是物联网金融使得金融服务由主要面向"人"的金融服务延伸到可以面向"物"的金融服务。钢联网的核心就是对于钢的流程监管，知道从哪里来到哪里去，全程溯源、定位，可管可控。这对于金融机构来说解决了最重要的客观数据采集问题。

二是物联网金融技术与理念可以实现商品社会各类商品的智慧金融服务。物联网金融可以借助物联网技术整合商品社会中的各类经济活动，实现金融自动化与智能化。钢联网之所以受到各方关注，很重要的原因是价值高，这样的大宗商品交易牵动了社会各方力量。

三是物联网金融是金融服务创新融入物理世界，创造出很多新型的商业模式。比如，在最基本的仓储物流管理上，可以借助物联网技术对仓单质押、融通仓、物资银行等服务进一步提升。借助物联网技术，还可以对仓储金融的监管服务实现网络化、可视化、智能化，使得过去独立的仓储金融服务得到发展，也可使金融创新服务风险得到有效控制。事实上，很多物流园区和物流仓库都已经开始进行物联网技术的改造，这是一个大趋势。

如今，物联网技术不断提升，实际应用能力不断加强，将给各个传统行业带来第二轮的冲击和改变，给物联网行业的可想象和可增值空间又带来了很多可能性，科技就这样一步一步地将我们带向远方。

钢联网不仅仅是一个思路和想法，对其认真打磨必将成为一种新的模式。不过产业内部发生变革的机会和可能性并不大，最大的可能往往是行业外的信息通信技术企业。就如同找钢网搭上互联网时代的快车，就能整合出如此庞大的市场资源。

当然，钢联网绝对不是简单的网站化，或者开发一个App。尽管物联网各项技术都很成熟，但是能够完整而有效地对钢铁行业全产业链进行改造也有很大的难度，这就需要产业内外的合作与努力。

❖ 思考 ❖

找钢网到钢联网的演进给了你什么启示？

42 是车联网还是网联车

▶ 在2019年举办的国际消费类电子产品展览会上，各大汽车公司产品赚足了公众眼球。奥迪公司的一辆从硅谷出发的F015自动驾驶汽车比迈巴赫还要豪华与宽大，乘客可以通过手势或者眼球控制汽车屏幕进行娱乐活动。

宝马公司针对插电式混合动力跑车BMW i8展示了一款全新显示屏钥匙，除普通遥控钥匙具备的所有便捷功能外，它还能在2.2英寸LCD液晶显示屏上显示车辆的状态。

此外，以安全著称的沃尔沃公司在展会上带来了全球首个与汽车关联的可穿戴设备安全互联解决方案，推出了骑行者检测技术。通过一个头盔实现汽车与骑行者之间的通信，进行云端数据共享和智能提示，从而避免出现摩擦碰撞事故。

车联网将是物联网最大的驱动力之一。通过车联网，汽车可以连接手机、娱乐、个人内容、社会媒体、工作及健康运动等信息。

物联网不应只是局限于工业设计部分，它还包括对家庭、个人甚至是宠物提供精细和个性化的服务。

面对潜力巨大的物联网产业，有人认为网络通信技术将是物联网大规模应用关键瓶颈的突破口。中国工程院院士方滨兴就曾表示，物联网与互联网技术的结合能解决搜索层面的问题，还能提供更直接的方案，万物互联的物联网时代将有无数应用可能。

1.物联网时代应用的核心需求是什么

海量的连接和1毫秒的传输时延差。

随着新的互联网协议的推广，可用网络地址指数式增加，物联网规模化应用将会成为现实，人人连接、人物连接、物物连接等融合需求将得到实现。

传感器与大数据技术的驱动，加速了物联网产品的应用落地和普及，但行业目前仍然存在标准不统一、产业分工混乱等问题。

当然，在数据信息获取、使用和存储等方面，物联网技术也存在隐私和安全性考验。

2.物联网的哪四个要素最重要

一是设备间的互联互通性，二是安全性，三是可管理性，四是可靠性。

当传统的嵌入式系统放到物联网环境下时，是需要软件应用和硬件设备结合的。从安全性角度讲，一台个人计算机需要从芯片开始自下而上一层层地加以验证，到最终的程序应用可靠安全并且能便捷操作。未来，每一个工厂生产的产品都会是物联网终端设备，而生产这些产品的工业器械本身又都具有物联网特性，这是业界所预期和倡导的。

北京邮电大学某团队曾在许昌做了国内首个5G网联自动驾驶的项目，并开始进行上路实测。许昌市也规划了一个专门用于5G自动驾驶的实验区，虽然规模不大，但是意义重大。

在没有5G的情况下，考虑实现自动驾驶技术更多的是依靠车联网。以车为主体，以车为中心，难以实现，成本也巨大。有了5G就可以换种思路，因为满足需求的网络有了，可以用网来联车。关于自动驾驶更重要的事情就是围绕车、路、环境等进行综合改造。既然打开了突破口，就有机会实现梦想。

不管是车联网还是网联车，人类都需要实现自动驾驶，有了自动驾驶就可以创造很多新的生活模式、新的商业模式。

❖ 思考 ❖

1.物联网的核心要素是什么？

2.车联网或网联车的根本目的是什么？

43 智能门锁为什么呈井喷状态

▶ 2018年，智能家居出现了全屋智能的概念。同时，随着"房子是住的不是用来炒的"政策深化，出现了大量的公租房市场。而NB-IoT的出现，使得智能门锁有了匹配的网络支持。以上因素导致智能门锁的集采订单越来越多。

1.智能门锁行业井喷

智能门锁是拥有足够大的市场体量和场景联动能力的刚需产品，巨头厂商除了引入品牌产品，已经开始布局自有品牌的智能门锁。小米米家、京东京造、网易严选等各家自有品牌已推出自家生产的智能门锁，老牌门锁领域的汇泰龙、凯迪仕、德施曼、金指码等，也包括家电巨头海尔、美的、TCL、海信，以及安防领域的海康威视、大华，互联网企业则在2017年前后呈现出雨后春笋般的景象，包括得到百度青睐的云丁科技，受到阿里巴巴看好的优点科技，以及被小米公司引入米家的鹿客等。

互联网企业为何会选择智能门锁行业？

相对于完全创新的品类，门锁行业市场客观存在，智能门锁在已有门锁市场的基础上寻求AI的市场定位更明确。

《2018年中国智能门锁产业及市场分析调研报告》的调研数据显示，2018年智能门锁生产企业突破2000家，国内智能门锁产品产销量将达到1500万套。这个数字肯定不只局限于国内市场，特别是还有2B商务市场的需求。

2.智能门锁价格大战

智能门锁作为消费类产品，走向C端市场自是必然。由于国内用户的认知和市场特点，使得智能门锁价格大战异常激烈，整体价格一路走低。

2018年4月，优点科技发布智能门锁C1N，售价1599元。

2018年6月，京东发布京造智能门锁，售价1299元。

2018年10月，360发布智能门锁M1青春版，售价699元（包安装999元）。

2018年12月，小米米家智能门锁众筹，众筹价包安装999元（售价包安装1299元）。

国内智能门锁市场尚处于普及前期，2000家锁厂面对着3000万的市场量，估计未来谁都难以"吃饱"，所以价格战迟早会开启。

不过智能门锁还不是标准产品，特别是在安装阶段和售后服务上仍具有很大的挑战。低价需要低成本，在不考虑大公司的价格补贴的情况下，低成本将有可能导致弱智能，甚至弱安全。这样的智能门锁，用户会买单吗？

以目前部分C端智能门锁厂商公布的销量数据来看，用户还是买单的。原因主要包括以下两方面。

一方面，厂商宣传放大了智能门锁现阶段拥有的技术能力和能够带来的生活体验。以锁芯为例，现在国家相关标准规定是B类锁芯，C类均为各家厂商根据自己的理解进行研发定制的。

另一方面，在智能插座、智能音箱等第一轮智能硬件普及后，有更广泛的用户群体对消费类，特别是家居类智能硬件产生了一定的了解和购买欲望，其中不乏希望以低价尝鲜的用户。

3.智能门锁的技术体系真如想象的那么简单吗

就整个智能门锁核心技术而言，基本可以分为三类，包括传统厂商较为擅长的机械部分和机电结构，互联网厂商比较擅长的ID设计、电子模块和识别模块，以及引入"智能"二字后，原有体系变为复杂的服务团队。

机械部分、机电结构是传统门锁厂商研究了十几年的技术，包括锁体、锁芯、面板、机电结构稳定性等的发展都已经相对成熟。有所不同的是，在智能门锁时代，互联网厂商更多的是在提出"C级锁芯"的概念。

4.智能门锁的突破点在哪里

纵观近几年国内互联网行业的发展，大多要经历三个阶段：

第一阶段，当某个新兴市场出现时，会带动资本疯狂涌入，此时市场存在较多的"泡沫"。

第二阶段，资本缩减后，一批企业陆续"死"掉，整个产业开始由资金导向转为技术/产品导向，产品竞争步入正轨。

第三阶段，技术上升期和产品普及期，相应技术和产品得到一定突破后逐渐走向成熟，市场逐渐稳定，头部品牌逐渐形成。

智能门锁行业虽然发展已有十几年，但随着互联网厂商的大量涌入，整个行业再度升级，智能门锁行业同样会经历这三个阶段。

进入2019年，智能门锁行业已经开始第一轮筛选。就整个技术链条来看，机械结构方面，虽然存在诸如"C类锁芯"这样的新概念，但基本技术经过传统锁业几十年的发展已经成熟，目前欠缺的是相关行业规范的逐渐完备；电子结构方面，锁体机电结构、指纹识别等相关技术在此前也有一定基础。

市场上的乱象更多的是"技术组装厂"带来的真假难辨。不过，像人脸识别这类在智能门锁上应用但还未完全成熟的技术，尚需更多验证和考量。

线下服务团队的构建是智能门锁企业的关键之处，也是之后入局者需要特别关注的要点。如何搭建自己的服务团队，如何及时安装、维护，同时，将服务团队在服务中遇到的问题以及相关信息应用到产品优化和技术改良中，都是值得考虑的问题。

5.如何选购安全的智能门锁

对于想购买或更换智能门锁的用户来说，有8个实用的选择方法。

第一，从材质入手，从耐用和防暴力破解的程度，优先选择不锈钢材质的门锁，其次是锌合金门锁，塑料材质的门锁安全性极低。通常门锁越重越好，但也存在陷阱，很多"山寨"厂商在门锁内部看不见的位置加上铁块以次充好，选购时不能单看重量，需仔细辨别。

第二，看指纹头，要选用活体指纹头的门锁。活体指纹模块也称为半导体指纹模块。

第三，优先考虑具有联网报警功能的门锁，相比传统门锁更安全。比如，被胁迫或有人撬锁时，门锁会第一时间告知主人请求救援。同时要优先考虑Wi-Fi联网报警，相比网关联网产品，Wi-Fi联网更稳定。

第四，从设计原理及结构上看，推拉式智能门锁相对于执手式及一体式智能门锁，防盗级别更高，使用起来也更舒畅。推拉式门锁锁体内的电子离合装置会在进出门后自动反锁，杜绝安全隐患。

第五，现在市面上有很多采用了远程开门、手机App操作以及遥控器和IC卡解锁的智能门锁产品，建议大家不要购买。这就相当于给家里的门锁留了个后台，非常不安全。

第六，夜锁功能不可忽视。很多智能门锁都有夜锁，也就是在门里部分设置的物理锁。夜锁可以在家人休息时起到安全防护的作用。仅能在门内部通过物理方式打开的夜锁才是最安全的，尽量不要选购可以在外部通过其他方式打开的夜锁。

第七，智能门锁配备的机械钥匙方面，具备芯片的钥匙优于纯机械的钥匙，不可复制。

第八，从品牌入手，选购时查看是否具备相关质检报告，是否符合国家行业标准。

千万不要图便宜选择价格低的产品，而对于一些知名度不高但是价格虚高的产品也要谨慎购买。安全始终是最重要的因素。

❖ 思考 ❖

1.如何正确、安全地选购智能门锁？

2.智能门锁井喷的原因是什么？

44 MEMS是不是替代传统传感器的唯一途径

▶ 物联网是将数据从采集、传输到应用的一个技术架构。物联网的基础就
是感知层，感知层的核心就是各种传感器组成的数据采集体系，传感器
的水平某种意义上代表了物联网技术的水平。

MEMS是传感器领域的一颗明珠。随着汽车、智能装备、家电类产品需求的
迅速增长，MEMS传感器用量将大大增加。

物联网、云计算、大数据、智慧城市为MEMS传感器创造了良好的市场空间，
农业、环保、食品检测、智慧医疗、健康养老、可穿戴设备、机器人、3D打印也
为MEMS传感器技术的提升和应用创新拓展了思路。

1.什么是MEMS

MEMS是指尺寸在几毫米乃至更小的微机电系统，其内部结构一般在微米甚
至纳米量级，是一个独立的智能系统。

简单来说，MEMS就是将传统传感器的机械部件微型化后，通过三维堆叠技
术，例如三维硅通孔等技术，把器件固定在硅晶圆上，最后根据不同的应用场合

采用特殊定制的封装形式，最终切割组装而成的硅基传感器。

受益于普通传感器无法企及的IC硅片批量化生产带来的成本优势，MEMS同时具备普通传感器无法具备的微型化和高集成度。

行业里普遍认为，MEMS是替代传统传感器的唯一选择。

2.MEMS是如何发展而来的

从20世纪初英国物理学家约翰·安布罗斯·弗莱明发明的第一个电子管，到1943年拥有17468个电子三极管的电子数字积分计算机，再到1954年诞生了装有800个晶体管的计算机；1954年飞兆半导体发明平面工艺，使得集成电路可以量产；1964年诞生了具有里程碑意义的首款使用集成电路的计算机IBM 360。

从模拟量到数字化、从大体积到小型化以及随之而来的高度集成化，是所有近现代产业发展的永恒追求。MEMS的发展也不例外。

正因为MEMS拥有如此众多跨世代的优势，从目前来看，认为它是替代传统传感器的唯一选择，也是未来构筑物联网感知层传感器最主要的选择之一。

3.MEMS的特点是什么

（1）微型化

MEMS器件体积小，一般单个MEMS传感器的尺寸以毫米甚至微米为计量单位，重量轻、耗能低。同时，微型化以后的机械部件具有惯性小、谐振频率高、响应时间短等优点。MEMS更高的表面体积比（表面积比体积）可以提高表面传感器的敏感程度。

（2）可兼容传统生产工艺

硅的强度、硬度和杨氏模量与铁相当，密度类似铝，热传导率接近钼和钨，同时可以很大程度上兼容硅基加工工艺。

（3）批量生产

以单个5毫米×5毫米尺寸的MEMS传感器为例，在一片8英寸的硅片晶圆上用硅微加工工艺可同时切割出大约1000个MEMS芯片，批量生产可大大降低单个MEMS 的生产成本。

（4）集成化

一般来说，单个MEMS往往在封装机械传感器的同时，还会集成特殊应用集成电路芯片，以控制MEMS芯片以及转换模拟量为数字量输出。

（5）多学科交叉

MEMS涉及电子、机械、材料、制造、信息与自动控制、物理、化学和生物等多种学科，并集成了当今科学技术发展的许多尖端成果。MEMS是构筑物联网的基础物理感知层传感器的最主要选择之一。由于物联网特别是无线传感器网络对器件的物理尺寸、功耗、成本等十分敏感，传感器的微型化对物联网产业的发展至关重要。

MEMS结合兼容传统的半导体工艺，采用微米技术在芯片上制造微型机械，并将其与对应电路集成为一个整体的技术。MEMS是以半导体制造技术为基础发展起来的，批量化生产能满足物联网对传感器的巨大需求和低成本要求。

4.中国MEMS传感器商机何在

整个MEMS传感器产业链包括研发、设计、代工、封测和应用。MEMS产业链将来的投资重点应在新型封装与测试、12英寸晶圆、软件和新兴传感器上。

第一，新的封装与测试已经成为众多MEMS传感器公司的焦点。由于MEMS传感器的复杂性，封装占据了整个芯片成本的很大部分。因此未来要降低成本来扩展市场，很大程度上等同于降低封装成本；其次，国内整个测试效率较低，这也是制约MEMS传感器发展的瓶颈。降低封装成本、提高测试效率，是亟待解决的难题。

第二，目前几乎所有的MEMS传感器都是由8英寸晶圆产线制造的。但由于汽车电子与物联网等需求的不断攀升，生产MEMS传感器的8英寸晶圆产线利用率极高，所以生产MEMS传感器的12英寸晶圆制造将在未来几年成为热门主题。12英寸晶圆制造将影响整个MEMS传感器供应链，包括设计、材料、设备和封装等。

第三，电子产业迫切需要新的MEMS来推动智能产品和物联网的发展，期待有突破性的新产品不断出现。新兴MEMS传感器是产业投资的重点方向。

第四，软件正成为MEMS传感器的重要组成部分。随着传感器的进一步集成，越来越多的数据需要处理，软件使得多种数据的融合成为可能。软件将是未来的投资机会。

物联网是我国未来十年的核心发展战略，MEMS传感器则是物联网中不可或缺的一环。下一个十年，会涌现出远比现在主流MEMS传感器更有市场前景的MEMS产品，期待中国MEMS产业能跻身世界前列。

虽然技术商业化周期越来越短，但要坚持工匠精神，稳扎稳打。MEMS行业要有这种精神，用10到15年的积累，来打造一款精品。

❖ 思考 ❖

MEMS的行业发展有什么要求？

45 可穿戴设备的未来发展状况如何

▶ 现如今，可穿戴设备已经成为我们的标配，无论是手环还是手表，其市场份额大抵处于相对稳定状态。经历了从2012年开始的大洗牌之后，可穿戴设备市场下一步会走向何处？

2018年的里程碑事件是苹果公司发布带有美国食品和药品管理局认证的具有心电检测功能的智能手表，整个动态心电监测市场沸腾。华米上市后也奋发图强，其研发的运动手表成为首款经过我国食品药品监督管理总局认证的医疗级可穿戴动态心电记录仪。

医用级可穿戴设备开始起到产品初筛以及辅助诊断的作用。在心率监测上，可穿戴设备可以监测房颤以及其他难以发现的心律失常。

1.ECG、PPG

目前的动态心电监测主要有ECG和PPG两种信号收集方式。ECG是通过生物电进行检测，捕捉生物电信号后再经过数字化处理，就能输出准确、详细的心脏健康信息；而PPG指的是利用光电容积脉搏波描记法来监测心率。原理很简单：血液是红色的，反射红光，吸收绿光。通过检测特定时间手腕处流通的血液量获取心率信息。

另外一种监测方法则是导联区别。一份标准心电图需要有12个导联，12导联全自动心电图分析系统，能进行12导联、6导联、3+1导联、3导联长时间节律导联记录。如发现异常心律，可自动完成节律导联的1分钟波形记录和延伸记录。

大部分动态心电监测产品是模拟导联，以苹果智能手表的心电图为例，只有1个导联。这1个导联还不是采用标准方法采集的标准导联，而是采用其他办法采集到信号后，由软件程序计算模拟为医生习惯看到的图形，即模拟导联。

美国一家智能心电图监测设备生产商公布了该公司的下一个方向：推出与智能手机兼容的六导联心电图。或许有一天可穿戴设备也将成为医用监测产品。

有了医疗级可穿戴产品，就可以从医生端连接病人和医生，将大量的健康数据与诊断和康复相结合将是下一阶段的重点。

2.心电贴和智能手表

美国某公司开创了贴片式ECG监测产品，在苹果公司推出带有ECG的智能手表之后，该公司股价大跌。

该公司的产品要通过处方获得。当监控疗程结束后，患者只需将设备寄回即可，存储的数据会上传到该公司基于云的服务器，使用专有的AI算法识别并分析心律市场。最后一份报告会在24小时内生成并提供给患者的医生。

此外，苹果公司的新手表和算法不是用来检测心律失常的。这限制了手表作为心律失常监测设备的整体功能。苹果公司的手机、手表和应用程序无疑能吸引年轻、富有的消费者，但在帮助人们认识和管理健康状况方面，苹果公司会如何发展还有待观察。

华米同样将手环和心电贴同时推出。其研发的运动手表可穿戴动态心电记录仪支持手环测量和胸贴测量两种测量方式。手环的使用方法和苹果智能手表差不多，在手环测量模式下，用户只需要将心电记录仪佩戴在手腕上，保持手臂水平抬起，另一只手将食指按在屏幕下方的金属按键上，自上而下按住按键，即可开始测量，30秒左右便可得出结果。

经历了消费级可穿戴设备的泡沫化发展，可穿戴产品现在向医疗级挺进，特别是动态心电监测设备市场有了新的门槛，新的游戏规则正在形成。

随着智能化可穿戴设备的陆续推出，个人监测医生也许就呼之欲出了。

❖ 思考 ❖

1.动态心电监测主要有哪几种收集方式?

2.智能化可穿戴设备有哪些应用已经推出?

46 物联网与智慧城市有什么关系

▶ 物联网和智慧城市发展的热度都持续不断，二者是一对孪生体，密不可分。

说到智慧城市，离不开智慧地球的故事。这是IBM率先提出来的。因为借助新型的物联网是可以做到感知世界的。

沿着我国特色的城市发展之路，最早提出过无线城市、数字城市、平安城市等概念，最后汇聚到智慧城市的时候，思想基本都统一了。

现在，传统意义上的智慧城市更多地被理解成信息化城市了。

从2012年开始，我参与智慧北京的建设工作，每年都征集智慧城市领域各行各业的优秀案例，截止到2016年，已经有3000多个优秀案例，覆盖了整个智慧城市建设的方方面面。后来，又积极推进与中欧智慧城市的交流与合作，在每届的京交会上，会专场组织国际智能城市大会。2014年，组织了百城市长论坛，取名"智慧城市百人汇"。

1.智慧城市就是信息化系统的升级建设吗

可以说是。因为推出智慧城市概念的都是IT公司，无论是国际的还是国内的，它们本质上将政府信息化用智慧城市的名头重新包装设计。

也可以说不是。因为信息化程度的提升，并不意味着城市就能智慧化。智慧来自各种系统的综合提升，更多来自人的提升。

2.智慧城市建设需要什么样的顶层设计

这不是一个简单的顶层设计能够决定的。智慧城市试点前后推出了三批，包括300个城市。近两年提出建设智慧城市的地方更多了，从总体数量上说，中国遥遥领先于欧美国家。市政建设方面投资不少，也起到了带动作用。如何深入发展智慧城市，总结起来有以下几个方面需要注意。

（1）智慧城市喊得多做得少

这需要地方领导思维上高度重视，真的将智慧城市作为抓手才行。很多都是花拳绣腿，到头来无非是多了几个所谓的"智慧系统"。

（2）智慧城市建设是一个系统工程

简单地做几个项目，最多就是信息化、数字化而已。而智慧城市建设确实需要花长时间做系统规划，通盘考虑，逐步建设，非一朝一夕之功。

（3）智慧城市需要模式创新

很多地方政府由于资金不足，所以之前一直推动PPP模式。既希望建成智慧城市，又解决了资金的问题，但收效甚微。

那么有没有能够做的事情呢？答案是肯定的！

目前我总结了两种基本模式：第一是"基金+产业"落地的模式，第二是领头羊代领大部队的模式。

这几年的实践证明，这是当前物联网企业与智慧城市结合的好方法，特别适合缺人缺钱缺资源、急需市场落地的中小型企业。

作为中小企业家，选择抱团取暖、组团发展是很好的方法。

就像物联网是一个趋势一样，智慧城市建设也是势在必行的。在前期若干个城市的建设中，一定有好的范例。

智慧城市无疑是物联网当前发展的最大的主战场，大量的物联网应用实际上都是为了解决2G问题的。智慧城市涉及的领域和行业又超出某个简单应用，其综合性和复杂性又给物联网带来了内生动力。物联网和智慧城市，两手都要抓，两手都要硬。

❖ 思考 ❖

智慧城市应该怎样建设？

47 为什么智慧灯杆能发展起来

▶ 5G商用来临，智慧灯杆产业被推向风口。在智慧灯杆试点建设过程中，面临着耗资巨大、牵涉部门多、运营模式不清晰、技术驱动行业混乱等一系列挑战。智慧灯杆产业正在寻求新型发展路线。

1.为什么智慧灯杆能够围绕着智慧城市发展起来

第一，智慧灯杆的主要应用是城市的路灯节能改造。通过运用物联网手段，可以迅速地降低城市路灯系统的用电量，这是能源管理的好项目。

第二，可以在智慧灯杆上架设覆盖城市的无线网。在5G没有商用之前，其他各种无线方式如Wi-Fi覆盖是多年前无线城市的主要选择。而智慧灯杆的出现为其提供了新的选择。

第三，在智慧灯杆上架设LoRa基站，形成一个基于LoRa的窄带物联网系统。很多城市的广电都将此作为突破口。

第四，智慧灯杆成为充电桩改造的重要场景。随着新能源汽车特别是电动汽车的发展，很多城市将智慧灯杆作为充电桩改造的重要场景。灯杆就在路边，结合停车管理，边停车边充电。这无疑是很好的选择。

第五，智慧灯杆是一个神奇的广告位。可以在灯杆上设计电子屏或者任何形式的广告，以此作为覆盖一座城市的超级媒体平台。

2.智慧灯杆的优势有哪些

随着5G的商用部署，智慧灯杆是5G网络配套设施的优良载体，特别是5G的小基站可以充分利用城市智慧灯杆迅速覆盖。而智慧路灯采用抱杆安装的典型方式，具有明显优势。

（1）供电优势

小基站与路灯的结合可以共用充电装置，节约能源，解决了小基站单独部署的供电问题。

（2）管理智能

通过智慧路灯上的传感装置，可以对小基站的运行状态、温度等情况进行监测，发现异常可以及时预警，同时也可以将各类监测数据传输至云端，便于分析和利用。

（3）覆盖密集

由于单个小基站目前覆盖范围不足200米，所以需要进行密集部署才可能全面覆盖盲点。而路灯分布均匀，间距不足百米，可以帮助小基站形成密集覆盖。

（4）节省空间

小基站与路灯的结合节省了单独部署所需的空间，能很大程度降低基站部署的物业协调难度。

（5）盲点覆盖

高速公路、铁路沿线往往是信号覆盖不好的地方，安装智慧路灯有利于实现盲点覆盖。

从商业模式角度看，智慧灯杆可以称为"商业服务运营商"，是典型的物联网"明星"案例。做好智慧灯杆上各种硬件设施的安装，后续完全可以靠应用服务获利，特别是智慧路灯的合同能源管理模式奠定了坚实基础。有了合同能源管理的订单，少则十年，多则二十年，就会有稳定的收益来源。由此，企业就可以充分围绕前面列举的种种应用模式，取得不断的增量收益。

总之，对于智慧灯杆，抢占先机很重要。早期布局此领域的很多企业都已经上市了，而且也没有出现垄断企业，所以未来市场无疑会有更猛烈的竞争。好在智慧城市的市场足够大，智慧灯杆将成为未来智慧城市和5G等重要的切入口。

❖ 思考 ❖

1.智慧路灯采用抱杆安装的典型方式有哪些优势?

2.为什么智慧灯杆能够发展起来?

48 什么是智慧农业

▶ "物联网+智慧养殖"是个很大的方向，除了技术本身，还需要去仔细琢磨未来的卖点是什么。

智慧农业发展潜力很大，很多食品溯源系统都在建设过程中。

目前从科技发展的角度看，智慧农业已经初步具备了一定的基础。无论是海尔运用智慧农业数据可视化系统在"大蒜之乡"山东金乡投资1000亩示范园种大蒜，还是恒大、万达投身农业蓝海，其中所显示的共同趋势是物联网产业"大佬"也开始参与智慧农业布局。

接下来，就以三个具体的成功案例来仔细分析下其运用的物联网技术核心是什么。

案例一：网易建的养猪场厉害在哪儿

网易于2009年开始成立"网易味央"，运用成熟的RFID耳标技术实时监测猪的身体状况、进食量等信息，分析确定猪的位置、行为及状态，通过长达300天的精细化喂养，实现品质与口感的提升。

案例二：京东"跑步鸡"168元卖到断货

2016年1月，京东与国务院扶贫办合作签署了《电商精准扶贫战略合作框架协议》，发布"扶贫跑步鸡"项目。据悉该项目2016年发放45万元免息贷款，至少帮扶100户贫困户脱贫致富。而农户所要做的就是监督"跑步鸡跑完一百万步"。养殖完成后，京东将以高于市场3倍的价格进行收购。

就这样，凭借"扶贫+电商+IP"传播，以及京东完善的仓储、物流配送系统，"跑步鸡"跑赢了大多数的鸡。

用"步数"作为最大的标尺来帮助消费者衡量鸡品质的好坏，这种"外行法则"从消费者心理出发，用最直观、最形象的定义来引导和满足消费者需求。

案例三：阿里巴巴运用人工智能养猪

2017年2月6日，阿里云与四川特驱集团、德康集团达成合作，对人工智能系统"ET大脑"进行针对性的训练与研发，在未来实现全方位智能养猪。

人工智能养猪可以用视频图像分析技术和语音识别技术，通过摄像头自动分析并记录仔猪的出生数量、顺产还是剖宫产等情况。同时，可以通过麦克风捕捉仔猪被母猪压住时发出的尖叫声，从而让饲养员在第一时间开展解救，避免小猪被压死。此外，猪一进养殖地就有了自己的档案，每一天的成长情况、身体状况都会有数据记录。

所以说，猪从出生就在用数字说话。换言之，是真正意义上的"人工智能养猪"。

总之，"物联网+智慧养殖"是个很大的方向，除了技术本身，企业还需要去仔细琢磨未来的卖点是什么。

❖ 思考 ❖

1."物联网+智慧养殖"方向下，互联网"大佬"们运用的物联网技术核心是什么？

2.企业如何顺应时代发展"智慧农业"？

49 智能外卖会颠覆外卖市场吗

▶ **民以食为天，吃是刚需。外卖作为新兴产业，使得外卖小哥也成了一个收入不错的新职业。**

外卖的兴起有移动互联网发达的原因，移动互联网为外卖打下智能条件的基础。智能手机和App缺一不可，而且要功能足够强大，操作足够简单。

在外卖行业中，外卖小哥充当了必不可少的角色，他们连接了餐馆和吃客的中间环节。互联网阶段是"人"联网，需要靠外卖小哥。而物联网阶段是物相连，所以一定会有适合外卖市场的智能终端，智能外卖盒子就出现了。

也许今天还不够智能，但是不妨碍它的发展。沿着这个思路和方向走，有一天外卖小哥们可能真的会失业。那就是外卖盒子成熟的标志。

没有人能想到外卖会成为这么大的一个市场，如今美团和饿了么两大外卖平台每天的订单量高达3000多万单。如果每单均价是20元，那么就是6个亿的日销售收入，年销售额高达2500亿元。

虽然市场如此巨大，但投资圈对这个模式一直有些争议，因为外卖的单价和利润并不高，通过人力快送的方式能否产生利润是一个问题。

直至今日，这个问题也没有完全解决，但巨大的市场规模支撑起了巨头的投入，因此这个问题暂时被隐藏了。

物联网如何解决人力成本的问题？大家都试图变革。

案例一：饭美美模式

经过几年的思考后，饭美美项目给出了未来外卖市场的一种可能，一种比目前外卖效率更高、收益更好、品质更可控的解决方案。

饭美美是一种无人售饭机，放置在企业、交通枢纽、写字楼等场所。每台售饭机一次可放84份盒饭。

C端用户完成扫码支付，部分食品机器在40～60秒的加热后就可以取出食用了，也有部分无须加热的冷餐。目前已上线的库存有500多种，包括中餐、日料、色拉、银耳、粥、各种面食等。这些库存除了饭美美自营外，还有合作开发的餐饮品牌，包括眉州东坡、真功夫、伏牛堂、乐纯酸奶等。

饭美美项目方表示，未来自营品牌将会减少，主要还是搭建一个平台给其他餐饮品牌做销售，之前自营的目的是为了打通整个闭环。

五年收入300亿，饭美美无人售饭机想要颠覆外卖现有模式的野心很大。可能未来外卖市场中20%～30%的需求是通过饭美美这种方案解决的。如果五年内能实现10万台设备的铺设，日订单量能达到1000万单，这个预测的数字是今天两大外卖平台当下的订单量（每天3000万单）的1/3，智能售饭机的年收入保守来看能突破300亿。

智能售饭机最大的一个优势是无须等待。每次点外卖都要计算送达时间，有时候忙得连外卖都没时间叫的人只要一两分钟，就可以从售饭机中取出很好的食品。

另外一个优势是冷链鲜食，这确保了食品的安全与口感。首先，整个配送环节是封闭的冷链，不会再出现外卖小哥擅自品尝客户外卖的事件；其次，冷链配送和保存，直至用户下单时才会加热送出，确保了食品的口感。

为了去库存，让每天的食品尽量少剩，售饭机在销售上也有不同于传统外卖的方式：每天晚上7点开始，餐食开始打折销售；晚上9点后餐食就免费赠送了。这个方式及时去了库存，也提升了用户体验。

由于库存种类丰富，未来，机器密度比较高的时候可以通过智能配货实现"千人千味"。每台机器提供什么库存都由算法进行预测，或者由客户通过App预约，以此保证客户的新鲜感和黏性。客户可以通过订阅周套餐，提前选择好每天想吃什么。从这个角度看，智能售饭机又有点像物流取货机。

案例二：速占位

与饭美美自己做中央厨房的思路不同，速占位致力于做好智能盒子。把智能取饭箱部署到快餐连锁店里，一方面帮助快餐店解决了午餐时间的人群高峰问题，另一方面也解决了快餐店人手不足的问题。

所以速占位面对的就是快餐店，解决的是在密集的写字楼和商业区用户就餐时面临的拥挤问题。用户可以从走出办公室时开始下单，到达指定餐厅的智能取饭箱，商家已经把用户要的外卖准备好并放入快餐箱里，用户扫码取走即可。整个过程仅仅需要几分钟，简单快捷。

看准"痛点"切入的速占位迅速铺开了规模。据速占位提供的数据，截至2018年7月，其自助取餐柜已经进入11城的330家餐厅，每月为100万人次的消费者提供服务，月结算资金2000万元。

从目前来看，在排队取餐环节上发力的企业给出的解决方案基本都是"手机点单+智能餐柜"。速占位如此，与速占位同时期进入该领域的乐栈、三全鲜食等都是如此。

不过速占位下一步将调整商业模式，不再向商家免费送自助取餐柜，而是采取卖设备的模式。这是因为速占位的自助取餐柜的运行已经很稳定。自助取餐柜属于餐厅的核心系统，速占位今后将出售的自助取餐柜单价为2万～3万元，标准16格的产品定价为3万元/套。一般来讲，刚刚接入系统的餐厅选用8格产品即可，定价约2万元/套。以一线城市为例，假设一个服务员的工资为5000元/月，年工资就是6万元，以速位自助取餐柜2万～3万元的客单价来看，相当于一家餐厅一名员工半年的工资。

想法很好，不过很多时候实现梦想也需要一步步地走。速占位目前也遇到了很多困难，包括跟进的竞争对手也瞄准了这一市场。例如，口碑与五芳斋合作打造的无人餐厅在杭州正式营业，这一智慧餐厅主打"无人餐厅+无人零售"模式，五芳斋相关负责人曾向媒体表示："仅无人改造一项，就可以帮助门店节省7个服务员，每年平均节省32万～35万元的用工成本。"该无人餐厅的自助取餐柜正是由速占位提供。

不过有口碑的智慧餐厅之后以"快闪店"的形式开启体验，负责点餐系统的是杭州银盒宝成科技有限公司（简称"银盒子"）。银盒子展示的自助取餐柜与速占位的产品高度类似，引起了速占位方面的抗议。

两个案例其实是解决问题的两个角度，目前还很难说孰劣孰强，一切要看用户的反馈，市场决定未来。

今天，智能售饭机如同快递取物箱一样，还处于布局阶段。相信有一天，快递箱开启的时候提示你的不再是"打赏"模式，而是要你支付1块钱，用户方也就顺手支付了。而快递箱的运营公司将会赚得盆满钵满。这就是我提出来的盒子模式和物量经济的核心价值。

未来，阿里系、美团系、京东系等都可能参与布局，不知道后续的行业发展和竞争会如何演变。但有一点确定无疑，智能盒子将是万物互联的有力武器，物联网将会颠覆现有的很多商业模式。

❖ 思考 ❖

智能售饭机目前的发展情况如何？有哪些比较经典的案例？

50 什么是我们生活中离不开的无线网

▶ Wi-Fi标准还在不断的演进过程中，不过今天的场景已经大不同了。我们上网更多的是通过智能手机，而未来将有更多的各种物体连上无线网络。所以5G未来所要面对的问题和二十年来Wi-Fi的发展都会殊途同归，万物互联将是下一个时代的永恒主题。

截至今天，不管是出国旅游还是日常生活、外出吃饭，我们最经常做的一件事情就是用手机连接Wi-Fi。无论国内还是国外，在任何的公共场合，基本上都有一个显著的标志提醒此处有无线信号覆盖。

而人们乐此不疲的最主要原因就是用Wi-Fi免费上网。

回顾历史，Wi-Fi已经发展了二十多年，历经五代。它与手机无线网络最大的区别就是Wi-Fi的运行是在非授权频段上，也就是随便用。而手机运营商的无线频率是要授权的。

无线网络最大的好处是让人们摆脱了在固定地点上网，这从根本上改变了人们生活的方式。可以毫不夸张地说，由于有了随时可用的Wi-Fi，人们因而可以拥有更好的生活，能够用更直接、更简单、具备高移动性的方式使用笔记本电脑、平板电脑和可携式电子产品，再也不用担心身边有一堆杂乱的电线。

虽然难以置信，但从IEEE通过802.11标准起，无线Wi-Fi网络的发展也堪称波澜壮阔。实际上，今天的无线网络其实也能达到5G的效果。

1.关于授权频谱

20世纪80年代以前，美国所有的无线设备都需要经过频谱授权。后来，美国通信委员会将标准放宽，仅限于发射功率较大、容易产生信号干扰的无线设备需经过频谱授权，其他低发射功率的设备可以使用未授权频谱。

这些未授权频谱早期无人重视，直到IEEE开始进行短距离无线传输的研究。IEEE规定，Wi-Fi设备的发射功率不能超过100兆瓦，实际的发射功率可能就在60～70兆瓦。

为了能让各家厂商能根据同一个标准生产兼容的设备，让通信器材能有互通性，1999年，IEEE分别推出了802.11b与802.11a两种Wi-Fi标准，分别使用2.4吉赫和5吉赫频段，彼此不相容（所以我们在连接Wi-Fi时，会看到2.4G和5G两种频段）。

2003年，IEEE引入OFDM（正交频分复用技术），推出802.11b的改进版802.11g，使传输速度从原先的11兆比特每秒提升至54兆比特每秒。

现在，大众使用的Wi-Fi主要为802.11n，与802.11a、802.11b、802.11g皆兼容，并采用MIMO（多入多出技术），使传输速度及距离都有所提升，速度甚至可达600兆比特每秒。"OFDM+MIMO"技术，解决了多径干扰，提升了频谱效率，大幅增加了系统吞吐量及传送距离。这两种技术的结合，使Wi-Fi取得了极大的成功。

2.无线网技术的产生发明

无线网络是IEEE定义的无线网技术。1999年，IEEE官方定义802.11标准的时候，IEEE选择并认定CSIRO（澳大利亚联邦科学与工业研究组织）发明的无线网技术是世界上最好的无线网技术。因此CSIRO的无线网技术标准，就成为2010年Wi-Fi的核心技术标准。

无线网络技术由澳大利亚政府的研究机构CSIRO在20世纪90年代发明，并于1996年在美国成功申请了无线网技术专利，发明人是悉尼大学工程系毕业生约翰·沙利文博士领导的一群由悉尼大学工程系毕业生组成的研究小组。

无线网络被澳大利亚媒体誉为澳大利亚有史以来最重要的科技发明，其发明人约翰·沙利文博士被澳洲媒体称为"Wi-Fi之父"，并获得了澳大利亚国家最高科学奖和全世界的众多赞誉，其中包括欧盟机构、欧洲专利局颁发的2012年欧洲发明者大奖。

当然，这个专利已经在2013年年底过期了，而全世界连到无线网络的数字应该超过50亿量级了。

3.Wi-Fi标准

Wi-Fi标准历经802.11a/g/b/n/ac五代标准，其中802.11n是目前主流的标准，802.11ac是最新标准，也就是第五代标准。

Wi-Fi联盟也发布了802.11ah Wi-Fi标准，即"HaLow"。这一技术适合低功耗、长距离的物联网设备。Wi-Fi联盟CEO埃德加·费古洛阿表示："Wi-Fi HaLow非常适合智能家居、智慧城市以及工业市场的独特需求。这一技术的功耗很低，穿墙能力强，相对于当前的Wi-Fi技术覆盖距离更远。""Wi-Fi HaLow拓展了Wi-Fi的使用场景，既适合小尺寸、电池供电的可穿戴设备，也适合工业设施内的部署，以及介于两者之间的应用。"

HaLow采用了900兆赫频段，低于当前Wi-Fi的2.4吉赫和5吉赫频段。这意味着功耗的降低，对于传感器和智能手表等设备来说很重要。与此同时，HaLow的覆盖范围可以达到1000米，信号更强，且不容易被干扰。

总之，Wi-Fi标准还在不断的演进过程中。而未来将有更多的各种物体连上无线网络，所以5G未来所要面对的问题和二十年来Wi-Fi的发展都会殊途同归，万物互联将是下一个时代的永恒主题。

❖ 思考 ❖

1.无线网给我们的生活带来了哪些影响？

2.Wi-Fi标准经历了哪些演变？

51 智慧社区有什么新趋势

▶ 智慧社区是非常令人感兴趣的，也是非常值得期待的，它事关每个人及其家庭，事关我们每天的工作和生活。智慧社区的全面推广为技术和设备厂商带来巨大利好，为企业获利带来了更多的想象空间，创造出了更多的新模式。

1.从两大维度看待智慧社区

第一是"智"。传统上，人们认为智慧社区首先是信息化社区，也可以叫智能社区，涉及智能楼宇、智能家居、路网监控、智能医院、城市生命线管理、食品药品管理、票证管理、家庭护理、个人健康与数字生活等诸多领域。基本上每出现一批新的科技概念，人们都会试图将其应用到社区，也希望以此强化社区的管理，提高智能化程度。

目前，智能社区已经进入所谓的"AI智能阶段"，核心的应用就是以智能摄像头为中心，把社区里的人员管理做到极致。

第二是"慧"。其实，"慧"更符合人性本善的需要和人文的关怀。人们的内心深处，往往更加向往以人为本的自由和幸福生活。

但是，高科技就能带来以人为本的"慧"吗？通过建设信息通信技术基础设施、认证、安全等平台和示范工程，加快产业关键技术攻关，构建社区发展的智慧环境，形成基于海量信息和智能过滤处理的新的生活和社会管理等新模式，面向未来构建全新的社区形态。智慧社区建设是将智慧城市的概念引入社区，以社区群众的幸福感为出发点，通过打造智慧社区为社区百姓提供便利，从而加快和谐社区建设，推动区域社会进步。

基于物联网、云计算等高新技术的智慧社区将是一个以人为本的智能管理系统，使人们的工作和生活更加便捷、舒适、高效。

2.智慧社区的发展现状

当前的智慧社区以"满足物业、政府、居民和商家需求"为出发点和落脚点，以新一代信息技术为支撑，以信息基础设施建设为引领和切入点，以综合信息数据服务平台为核心和关键，以智能化应用为基础和载体，构建社区生态圈。

智慧社区的模式是打造"硬件+软件+平台+服务"的综合解决方案，建设真正的智慧社区。其综合解决方案围绕"三个一"的总体思路，即一套网络、一个平台、一套服务体系。

回到智慧社区和物联网的关联，大体可以视作各种物联网技术和应用的综合场景。这其中主要包括以下五个方面。

第一，感知层。主要指的是挂载在基础设施上的感知设备，包括安防监控、烟雾探测器、水电气表、LED灯、通信微基站、充电桩等。负责接收前端各类信息，同时接收后台指令对前端设备进行控制。

第二，网络层。它是感知层与数据层之间的纽带。感知层所有的管理数据及业务应用数据均发送至数据层。

第三，数据层。负责接收来自应用层的请求，验证并调用相应的业务逻辑处理数据，提供平台接口将其他第三方相关系统接入。

第四，应用层。根据各个不同的应用单位分配不同的权限和账号，通过应用层可以方便管理本单位的业务。

第五，终端层。包括各种硬件终端，也就是用户层，直接向用户展示信息和数据，提供服务，包括个人计算机、移动手机、移动端App、自助机等。

3.智慧社区的运营模式

智慧社区建设是一个系统工程，运营模式应通过整体生态体系实现。正所谓"始于生态，成于生态，荣于生态"。当前的主要模式有以下几种。

一是物业主导模式。平台的规划建设、运营维护及依托平台开展的相关服务均由物业主导和负责。在该模式下，物业负责投资建设，单独运营，与物流、商贸、家政服务、IT技术、医疗卫生和金融等单位沟通合作，引入平台。物业利用自身的技术和资金，提供平台或技术支撑服务。

优势：物业对社区主体需求的把握比较准确和及时，与社区相关企业的沟通协调比较顺畅和有效。劣势：平台规划、建设对技术和资金要求较高，物业的运营和维护经验相对缺乏。

二是企业主导模式。平台的规划建设、运营维护及依托平台开展的相关服务均由企业完全负责。该模式下，企业基于政府、物业的支持，负责与物流、商贸、家政服务、IT技术企业、医疗卫生和金融等单位沟通合作，引入平台。企业利用自身的技术和资金，开展日常运营、维护及相关服务。

优势：企业自主运营，可实现市场化运作，运营管理比较灵活，可依据应用需求及时调整和改善平台的服务水平。劣势：企业行为具有一定的局限性，运营初期企业压力较大，对企业的融资能力要求比较高。

三是政府主导模式。平台的规划建设、运营维护及依托平台开展的相关服务均由政府负责。在该模式下，政府负责规划及出资建设，吸引物流、商贸、家政服务、IT技术、医疗卫生和金融等单位进入平台，同时开展平台日常运营、维护及相关服务，使平台具有权威性、高协调性等特点。

优势：政府主导力量强大，沟通协调比较便利；易于获取政府资源及其他合作资源；易于同政府部门实现顺畅的协作。劣势：建设成本高，运营费用高，需要政府长期投入，服务效率和效能有待进一步提升。

除了上述模式，目前也相继出现了其他混合式的模式，或政府委托企业，或直接购买服务。还有通过第三方建平台，完全属于商业化运营模式，这其中典型的案例就是彩生活。

总体来说，包括垃圾箱、井盖、社区内大量的基础设施等首先都要物联网化，使原有的门禁系统和安防监控系统扩展到更广阔的空间。

先"智"后"慧"，智慧社区大有文章可做。

❖ 思考 ❖

1.从哪两个维度看待智慧社区？

2.目前，智慧社区有哪些主要的运营模式？

52　垃圾分类与物联网有什么关系

▶ 近年来，物联网产业有个很有意思的应用场景，就是垃圾桶的物联网管理。在垃圾桶里面安装传感器，可以监测垃圾量。现在，随着越来越多的有关垃圾分类的政策法规的出台，更需要用物联网手段去保证实施的效果。

1.国际和国内垃圾分类现状如何

我曾有幸参与了北京垃圾分类的前期调研和课题评审会。当时，课题组的专家纷纷指出项目的及时性和社会意义。我作为唯一一名来自物联网科技领域的受邀专家，也提了很多建议。随后，北京很快出台了垃圾分类的相关政策和计划。

这几年我出国比较多，每到一个国家都会有意无意地去看看垃圾处理的情况。其中，印象最深的无疑就是日本。记得第一次去日本的时候，导游反复强调不能乱扔垃圾，每次出门都要带上一个垃圾袋。直到回酒店，或者路上有大商场超市，才能"卸点货"。此外，日本十分强调教育从娃娃抓起，据说在日本垃圾分类教育从小学生就开始了。一个普通的饮料瓶子，就要分成不同的部分，瓶盖、瓶身、外包装纸，都有不同的处理方式，分装到不同的垃圾袋里。路边等常见的位置根本不放垃圾桶。德国的垃圾分类也很细致。在柏林期间，我也特地留意周边的垃圾分类情况，发现所有的报纸都单独包装好，清清楚楚，明明白白。

没有人天生就明白和遵守垃圾分类的规则。更多的时候，需要出台法律法规进行强制规范。近年来，物联网产业有个很有意思的应用场景，就是垃圾桶的物联网管理。在垃圾桶里面安装传感器，可以监测垃圾量，如果满了就将信息发给相应的主管部门。随着越来越多有关垃圾分类的政策法规的出台，更需要用科技手段去保证实施的效果。

作为一个系统工程，垃圾分类不仅仅是将垃圾投放到相应垃圾桶中那么简单，其中涉及分类投放、分类收运、分类利用、分类处置，需要各个环节有机衔接、相互配合，任何一个环节的缺失或不当都会导致整个系统的失败。

2.如何实现垃圾分类的溯源和垃圾的全程监管

对于此，上海推出首个"八分类"智能垃圾箱房门禁系统。该系统集成了身份识别、信息屏幕、端口扫描、监控摄像、移动网络等多项功能，可以承载多重任务需求。而面对诸如为什么"猪骨头是干垃圾，鸡骨头却是湿垃圾""小龙虾壳是湿垃圾，螃蟹壳又是干垃圾"等垃圾分类难题，各企业纷纷出奇招，利用人工智能、AR等技术结合手机，教市民轻松分类。

支付宝日前宣布，正式推出AR扫一扫识别垃圾的功能，旨在帮用户更便捷地进行垃圾分类。据了解，通过支付宝首页的"扫一扫"中的AR功能，用户可以直接使用手机摄像头实时识别垃圾类型，进行垃圾分类操作。同时，支付宝提供直接预约上门收垃圾的服务，用户通过扫描识别垃圾后，可直接跳转到"易代扔"小程序中，形成从识别分类到上门回收的完整服务链。

北京"垃圾分类用上人脸识别"的新闻一度引发热议。北京市西城区某街道的垃圾箱统一换成了分类垃圾箱，且每个垃圾箱的投放口都是封闭的，走近了也没有任何异味。更特别的是，每个垃圾箱上竟然还装上了摄像头。居民们手提垃圾站在垃圾箱前时，摄像头自动识别人脸，倾倒口的挡板便开了。厨余垃圾、可回收物、其他垃圾，居民们分门别类扔进垃圾箱。除此之外，进行垃圾分类还可获得积分兑换日常用品。

对此，有一个问题要思考：类似这样的系统不能全面推广，其价值和意义就会大打折扣。但是大规模推广，谁来担负巨额成本呢？所以，根本性的问题还是解决商业模式的问题。垃圾分类处理和回收是相辅相成的。有效打通未来垃圾回收，通过回收产生的收益来保证前面的投资成本，形成良性循环。

2017年德国的生活垃圾循环利用率高达66%，法国、美国仅为40%和35%。这66%的利用率，是德国人用上百年时间培养出来的结果；法国、美国也早已有垃圾分类的相关措施。运用法制手段、科技手段，再加上合理的商业模式，通过不断加强教育和引导，垃圾处理问题就能从根本上得到解决。

垃圾分类的好处是显而易见的。垃圾分类后既省下了土地，又避免了填埋或焚烧所产生的污染，还可以变废为宝。进行垃圾分类收集可以减少垃圾处理量和处理设备，降低处理成本，减少土地资源的消耗，具有社会、经济、生态三方面的效益。

让我们告别城市边缘的那些垃圾填埋场，让我们从自己开始，从身边人开始，善待我们的绿色家园！

❖ 思考 ❖

如何运用物联网更好地实现垃圾分类的溯源和垃圾的全程监管？

53 物联网存在哪些安全问题

▶ 关于物联网行业发展，最不准确的问题，就是未来物联网接入的数量。据各种权威机构的预测，2025年将有250亿～500亿个物联网终端接入。这是现在的互联网或者移动互联网都无法比拟的。而5G发展起来后，物联网终端接入的种类之繁多，需求之复杂，将成倍增加管理上的难度。

如何保证几百亿规模的物联网体系能够安全有效地运转正常？

这是信息安全企业的福音和重大市场机遇。不过，所要面对的挑战也是前所未有的。

1.曾经发生过哪些物联网安全危机事件

2010年6月，伊朗布什尔核电站准备并网发电，突然遭到震网病毒袭击，1000多台离心机停止运行，核电站无法正常工作。

委内瑞拉电站爆炸，疑似某国对委内瑞拉电网控制系统发动了网络袭击。

2015年12月23日，乌克兰电力部门遭到恶意代码攻击，导致7个110千伏的变电站和23个35千伏的变电站出现故障，8万名用户断电。

可见，当今仅仅使用网络手段，就能带来比昔时战争攻击更甚的危机。

而除了热点地区外，2016年10月，黑客劫持了30万个摄像头作为"肉鸡"（受黑客远程控制），然后利用这些终端发起了攻击，造成美国东部地区网络瘫痪了近5个小时。

摄像头就是最典型的物联网终端之一。几十万个摄像头被远程劫持控制，最终使得区域网络瘫痪，这就是网络攻击。

在国内，2016年公安部做过一个尝试，提供一个机场、一个省的电力让奇虎360做攻击实验。结果奇虎360用一周就侵入了机场，用两周攻进了电网系统。

物联网安全的重要性可见一斑，如何防范成了我们现在研究的重大课题。

2.物联网存在哪些安全问题

第一，感知层的安全威胁。

1.针对RFID的威胁分析：物理攻击、信道攻击、伪造攻击、假冒攻击、复制攻击、重放攻击、信息篡改。

2.针对无线传感网的威胁：网节点捕获、普通节点捕获、传感信息窃听、拒绝服务攻击、重放攻击、完整性攻击、虚假路由信息、选择性转发、网络沉洞攻击、女巫攻击、虫洞攻击、确认欺骗、海量节点认证问题。

3.针对移动智能终端的安全威胁：随着移动智能设备的成功、迅速发展，以移动智能手机为代表的移动智能设备将是物联网感知层的重要组成部分，其面临着恶意软件、僵尸网络、操作系统缺陷和隐私泄露等安全问题。

第二，传输层的安全威胁。

当面临海量、集群方式存在的物联网节点的数据传输需求时，很容易导致核心网络拥塞，从而拒绝服务。由于在物联网传输层存在不同架构的网络需要相互连通的问题，因此，传输层将面临异构网络跨网认证等问题，将可能受到拒绝服务攻击、中间人攻击、异步攻击、合谋攻击等。

第三，应用层的安全威胁。

在某行业或应用中，必然会收集用户大量隐私数据，例如其健康状况、通信簿、出行线路、消费习惯等。因此，必须针对各行业或应用考虑其特定或通用隐私保护问题。然而目前各子系统的建设并没有统一标准，未来必然会面临一个大的网络平台的网络融合问题和安全问题。

传统的IT设施通常具有较强的计算能力，网络设施也相对单一，并且设施部署相对集中，因此防范难度尚可评估。但是对物联网系统来说，存在大量不同种类的终端，这些终端都有不同规模级别的操作系统，且都被接入了网络，而这些终端的计算能力和存储能力都有限。还存在的问题是，这些终端通过不同的通信方式接入网络，并且安装于任何环境、任何场地。

物联网系统是一个复杂的生态系统，其中应用了大量新的信息化技术，如大数据、云计算、AI等应用，使得系统越来越复杂，进而不可避免地产生系统漏洞，然后不可避免地给网络攻击留下了机会。物联网系统又深入生活、工业应用中，因此在任何环境、任何地方都能发起攻击。而当多个应用整合成一个业务系统的时候，又能通过攻击其中一个应用进而攻击整个业务系统。因此，整体防范难度成指数提高。

物联网安全将在如下七大细分领域带来新机遇：系统安全、逻辑安全、加解密安全、认证安全、接口安全、存储安全、协议安全。

如果不能彻底解决网络安全问题，物联网可能会让世界走向难以想象的困境，甚至是灾难。

❖ 思考 ❖

1.物联网面临着哪些方面的问题，如何应对？

2.物联网安全问题将会迎来哪些新机遇？

54 什么是"城市大脑"

▶ **有了足够的算力，才能真正了解城市发展中每个时刻的真实情况。**

过去十年最能制造超级概念的应该是IBM，从智慧地球到智慧城市，引领了信息化领域。

智慧城市非常具有吸引力，有想象空间，更有市场空间。"城市大脑"的提出无异于新时代的新提法，能够有效创造新市场。

1. "城市大脑"的概念是什么

城市互联网就是把一个城市作为一个单独的个体去研究、去发展，就需要一个大脑来控制，于是有了"城市大脑"的概念。如果将城市比作人的大脑，将组成城市感知功能的传感器比作人的五官，将连接传感器的网络比作人的神经，将控制和存储信息的云技术比作神经中枢，那么大数据就是城市的"大脑"。

"城市大脑"系统基于物联网、云计算、大数据等信息技术，以城市为单元，结合地理信息，对城市运行的各类信息实现一张图式的综合监管，辅助城市管理者进行科学有效的决策，实现"以数据信息为基础，以指挥调度为核心，以决策指挥为目标"的系统构建。

从功能上看,"城市大脑"系统集成了包括地理信息、GPS数据、建筑物三维数据、统计数据、摄像头采集画面等多类数据,可以把市政、警务、消防、交通、通信、商业等各部门各类型的数据融合打通,汇集在统一的大数据平台上。

在"城市大脑"中,海量数据被集中输入,这些数据成为"城市大脑"智慧的起源。所以"城市大脑"首先是在物联网基础设施全面建设的基础上发展起来的。有了丰富的数据之后,"城市大脑"便构建算法模型,然后自动调配公共资源。相比人脑,"城市大脑"具有全局分析、响应速度快、智能化的优势,并且人工智能拥有人类无法比拟的一个强项,就是它可以通过机器学习不断迭代及依靠外部系统插件等进行优化,随着运行时间的推移可计算出更"聪明"的城市。

2.如何建设"城市大脑"

至少从目前看来,由于每家企业自身的特点和能力不同,建设方向也有区别。依旧以阿里巴巴的某城市大脑项目为例,无外乎还是系统工程的建设,包括软件、硬件和系统服务。

3."城市大脑"将为我们的城市带来什么

给城市装上一个智慧的"大脑",城市也能像人一样智慧起来。通过"城市大脑"的思考和决策,让城市能够自我调节,与人类实现良性互动,让所有的城市数据都通过这个"大脑"进行最合理的配置和调度,从而有效提升城市交通的承载力和运行效率,符合现代城市的管理和运行要求。

如果说"城市大脑"项目给智慧城市建设蹚出了一条新路,那么智慧城市更需要的是物联网基础设施平台,这是根本。

❖ 思考 ❖

1."城市大脑"是什么?

2.怎样更好地建设"城市大脑"?

55 为什么说边缘计算是物联网的重要方向

▶ 在"云、物、移、大、智"（云计算、物联网、移动互联网、大数据、智慧城市）的系列热点里面，云计算当年是最为人所诟病的。没想到，阿里巴巴坚持住了，阿里巴巴云今天成了国内云计算行业内的老大。后来有人提出了边缘计算、雾计算等新概念，甚至进一步引申出霾计算。

1. "云、雾"之间的关系是什么

云计算的概念由谷歌前首席执行官埃里克·施密特在2006年搜索引擎战略大会上首次提出。对云计算的定义有多种说法，至少可以找到100种解释。云计算可以简单地理解为网络计算，因为"云"即是指网络。咨询公司埃森哲给出了一种实用、简洁的定义：第三方提供商通过网络动态提供及配置IT功能（硬件、软件或服务）。

我们现在所熟知的雾计算这个概念由思科首创，到了2015年11月，ARM、戴尔、英特尔、微软等几大科技公司以及普林斯顿大学加入了这个概念阵营，并成立了非营利性组织"开放雾联盟"，旨在推广和加快开放雾计算的普及，促进物联网发展。物联网成了核心驱动力。

思科在物联网上也一直进行着概念创新，它定义了"万物互联"的提法。根据思科对于雾计算的定义，雾计算是一种面向物联网的分布式计算基础设施，可将计算能力和数据分析应用扩展至网络"边缘"，使客户能够在本地分析和管理数据，从而通过连接获得即时的见解。

雾计算是对云计算概念的一种延伸，雾计算主要使用的是边缘网络中的设备，这些设备可以是传统网络设备（早已部署在网络中的路由器、交换机、网关等），也可以是专门部署的本地服务器。

雾计算以个人云、私有云、企业云等小型云为主，它有几个明显特征，一是低延时和位置感知；二是更为广泛的地理分布；三是适应移动性的应用；四是支持更多的边缘节点。

这些特征使得移动业务部署更加方便，能满足更广泛的节点接入。

总的来说，云计算与雾计算各有优缺点，可以相辅相成，同时又有竞争。

2.什么是霾计算

有了云计算与雾计算的铺垫，霾计算就比较好理解了。霾计算主要是指比较差的云计算或者雾计算。如果"云"或"雾"提供的服务，存在着丢失泄露、传输不稳定、费用严重超支等问题，其优势可能远不如对用户造成的伤害，恰如"霾"对人体健康的危害。

3.什么是边缘计算

按照边缘计算联盟的解释，边缘计算作为一种将计算、网络、存储能力从云延伸到物联网网络边缘的架构，遵循"业务应用在边缘，管理在云端"的模式。通过合理规划、运用云计算与边缘计算进行优势互补，有助于将智慧城市、物联网科技创新提升到新的高度。

对物联网而言，边缘计算技术取得突破，意味着许多控制将通过本地设备实现而无须交由云端处理反馈，其处理过程也将在本地边缘计算层完成。这无疑将大大提升处理效率，同时减轻云端的负荷。

互联网数据中心在日前发布的《中国制造业物联网市场预测2016—2020》的报告中预计，中国制造业物联网平台竞争将日趋激烈，边缘计算将成为下一热点。

5G和物联网的应用场景本质上是交叉、互补和共存的。海量数据的产生、传送和处理必然要依赖坚实的云平台，虽然云计算的优势是"逻辑上的资源集中"，但是大数据时代催生的在线视频、增强现实和虚拟现实等业务对缓存、延时、策略控制、安全等都有功能和性能上的严格要求，如果完全依赖客户和服务器距离比较远的"重量级云计算"，必将导致瓶颈效应。所以，在网络的边缘（物联网网关、基带池）等位置部署轻量级的"雾计算""移动边缘计算"或欧洲电信标准化协会重新定义的"多接入边缘计算"，并综合考虑固网/移动融合的场景需求，无疑会减轻上层云计算中心的负担，同时对前面提及的时延敏感业务提供了有力的支撑。

边缘计算聚焦实时、短周期数据的分析，能更好地支撑本地业务的实时智能化处理与执行，既靠近执行单元，又靠近云端所需高价值数据的采集单元，支撑云端应用的大数据分析。

4.边缘计算是不是物联网的未来

软件技术专家弗朗西斯·达科斯塔的《重构物联网的未来：探索智联万物新模式》及麦肯锡公司的定义："未来物联网价值链的最大份额将在软件和服务方面，至2025年，软件和服务提供商营业收入占比将达到85%，平台将是产业生态的核心，应用支持（我们语境里的支撑）、平台和连接（接续及面向连接）、管理平台领域可能出现行业巨头。"

透过现象看本质，未来物联网的重大特点就是需要大量的边缘计算来进行快速处理，传统的大中心模式将有可能产生问题。

所以边缘计算将是下一轮物联网的热点，务必加以关注，其带来的新业务和新模式也许就是好机会。

❖ 思考 ❖

1.何为云计算、雾计算、霾计算？
2.思考边缘计算与未来物联网发展的联系。

56 为什么移动物联网可能会改变行业方向

▶ 移动互联网使得原来的手机市场格局被彻底改变。一方面传统的霸主诺基亚和摩托罗拉相继从头部的位置被拉下来，另一方面整个移动商业的模式和业态发生了变化。

今天我们要谈一个新的概念：移动物联网。很多人会说，移动互联网我们都知道，就是以智能手机为核心发展起来的互联网应用。没错，过去几年，互联网之所以能够高速发展，得益于智能手机的兴起。特别是随着苹果手机新应用模式兴起，颠覆了3G以来移动手机的行业形态。

1.为什么要把"移动物联网"作为一个新事物单独提出来

这与最近的大气候和产业发展有关联。首先移动和静止是相对的，有了移动物联网，就有静止物联网，或者叫固定物联网。这是换位思考、用新的逻辑去改变物联网商业模式的重要阶段。

最近5G发展势头迅猛，各种说法都有，夸赞者有之，唱衰者亦有之。究其原因，物联网是核心。

大家对于5G和物联网的应用场景太需要找到切合点了，否则会觉得5G没有价值。其实，5G不是物联网的全部，物联网也不仅仅是5G。

我曾在2018年初提出了一个命题，就是当前的智能手机行业将在2024年左右被消灭掉。很多人对此观点嗤之以鼻，觉得这是危言耸听。

其实我在提出命题的同时，也强调了未来的智能手机将向超级物联网终端发展，最终会有两个发展方向，其一是微智能终端，其二是大终端。

智能手机按照功能分类，很多厂家把语音通话功能作为基本标配，其他功能都属于应用。

从智能终端本身来看，语音通话已经不是最主要的功能和诉求了。比如健康手环或定位终端，其核心功能变成了计步器、睡眠监测、身体健康指数监测等细分功能。人们并不苛求一定要有语音通话。

在终端发展初期，大部分是基于手机的通信模块，今天已经可以把手机模块取消了，然后用一个系统级的芯片模组就解决了，要么配合蓝牙模块，要么是最新的NB-IoT或者LoRa之类的窄带物联网。

配合案例进行解释，相信大部分人就懂了。这其实就是物联网终端的初始形态。随着芯片功能和价格的日渐成熟，类似这样的功能型终端将是我们主要的使用对象。

这时候，智能手机的功能就会被完全解构掉。也可能像智能手表一样，不仅仅是手表，也会与其他应用捆绑。如果需要的话，加上一个耳机，实现通话功能没有任何问题。

这就是移动物联网终端。以上我所讲的是跟人、跟身体有关的小终端。

2.什么是大终端

大终端包括智能汽车、无人机、机器人等。这些大终端，不仅仅具备单一的功能，还是智能综合体，里面可能配备了几十乃至上百种传感器，以及各种高性能的芯片模组，还会有很多块"屏"。

所谓"屏"也绝不仅仅指的是柔性屏。因为AR/VR、3D等都是成熟的技术了，甚至在超级摄像头上面就可以完成。这样看来，这些大终端也可以简单地理解为数个智能手机的集合体，而不是单一的智能手机。

3.应该优先发展有线网络还是无线网络

事实上，很多物都是静物。虽然也需要它们的数据，但是相对来说要简单许多。比如智能水表、井盖等，大部分都是静物。

我们可以通过有线网络相互连接起来，其效率和性价比并不比使用无线网络差，甚至在成本和性能上还会便宜很多。无线网络毕竟会有干扰和各种不稳定的问题存在，大力发展的无线通信技术更多的是为了解决运动中的物体，以及覆盖有线网络难以到达的地方。而过去都是以有线为主，无线为辅，或者是将无线作为备份使用。

还有一种环境更需要稳定的通信保证，比如在工业领域，很多环境下为什么连通信接口都是专有的RS485（一种将多个发送器连接到同一条总线上的技术）呢？就是为了保证系统的稳定。这个时候无线的干扰就是最大的困难。

总的来说，从物量经济的角度来分析，未来物联网的网络和连接都是基础，最终的价值来自物本身的使用价值。所以先联什么，后联什么，作为经营者要有充分认识，切不可乱抓一通！

❖ 思考 ❖

1.智能手机的发展方向是什么？

2.何为超级终端？

57 怎样抓住物联网的机会

▶ 要抓住物联网的机会就要从基础入手，从国家战略出发，当然还要看自身的储备情况。

热点技术层出不穷，有人用ABCD做了归纳总结。A是指人工智能（AI），B是指区块链（Blockchain），C是指云计算（Cloud Computing），D是指大数据（Big Data）。此外，IoT中间还有很多热点。

1.物联网的机会在哪里

搞清楚这个问题是有相当难度的，因为出发点不同，理解和入手的方式就不同。物联网覆盖的领域这么多，我们可以先从物联网的基础体系架构入手。

物联网就是在互联网的基础上，构成以"物"为基础的互联架构。因此，国际上对于IoT的构成流行三层架构。

这个三层架构基本上包含了感知、传输（网络）、应用三个层面，但其涉及的技术领域太多，所以我一直强调，物联网不是某个单一的技术，而是多学科综合技术的集成。

这里面最关键的问题是，我们现在面对的对象从电脑、手机这样的智能终端，变化为对于更细小、更单纯或者更复杂的物的监测和连接。

2.这种变化带来了什么发展趋势

第一，物的感知和连接需求完全不同于人的需求。

比如，对于RFID或者传感器等要监测的对象可能很简单，传输的数据量也很小，甚至用传统的2G技术就可以实现。NB-IoT和LoRa等无线网络支持这样的应用。目前火热进行中的就是窄带物联网，我更愿意说成静止物联网——哑终端市场。其中包括各种智能表、智能市政设施，从井盖到垃圾箱，等等。

第二，工业设备、汽车等大型设备和系统，需要感知和传输的数据要求较高。现有的4G很难满足这种需要，而5G的主要发展就是为了对应类似的场景。

现在的"玩家"都是大企业，一类是大的车企，传统车需要武装智能设备，从而制造新的卖点。新能源汽车更是需要用新技术打破人们更换油车的动力；另外一类就是信息服务企业，把各种新技术、新产品想办法运用到车里。汽车的价值高、数量巨大，具备足够的想象空间。

围绕着车联网的整体发展产生的车对外界的信息交换技术，不仅关乎车本身的智能，还包括周边的配套设施的调整。这涉及道路和城市的改变，理论上是万亿级市场。

第三，监测和感知的物体对象超级多样化，也就是常说的碎片化。

这是之前在互联网和移动互联网阶段都没有遇到过的挑战。毕竟之前基本上是个人计算机到人、手机到人这样的应用环境，最多是手机可以帮助人实现移动的状态。

而现在需要感知和连接的这个所谓的万物过于分散，特别是在初期很难形成规模应用，因此这样的物本身的感知设备就无法按照统一的规划去发展，以至于今天谈到的"感知"都是泛指。

中关村物联网联盟对于物联网架构的认识——"3+3"架构，在原来的感知、传输、应用的基础上，增加了智能处理、运营服务和安全管理。

后面这三层不是可有可无的，将会是未来的物联网发展必经之路。这实际上是十年前的研究成果，那时候还没有人工智能和大数据。

其实中关村物联网联盟七年前从物联网发展的技术架构上就已经准确地预判出来，并单独把智能处理作为物联网的一个基础层。

然后是运营服务。这更多的是从物联网未来的商业模式出发，物联的本身目的是提高服务，所以运营服务一定是终极目标，即"物联网即服务"。

最后就是安全管理。这实际上也是物联网和互联网最大、最本质的区别。在互联网时代可能坐在遥远的对面跟你聊天的是机器人。比如，跟韩国围棋冠军下棋的就是"阿尔法狗"。而物联网绝对不会出现这样的问题，它的目标就是要管理每一粒砂子，其所有的信息和数据都将被记录下来。

时下还有一些层次的划分，是基于其自身特殊的需求和应用的延展，比如增加平台层。互联网的两种划分没有平台层。其实从某种角度来讲，互联网本身也是一个超级大平台。所以这种说法基本上就是针对应用来说的。

3.对5G布局的建议是什么

总体来看，我们从现在开始就要下大力气围绕5G进行储备。5G是数字经济新引擎，产业应用不限于智能手机、基站建设等领域，更会推动物联网、区块链、视频社交、人工智能产品与应用的发展。

5G技术能满足机器类通信、大规模通信、关键性任务通信对网络速率、稳定性和时延的高要求。前面已经分析了物联网的应用场景十分广泛，尤其是与车联网、无人驾驶、超高清视频、智能家居等产业深度融合，进一步应用到制造业、农业、医疗、安全等领域。这些行业都能带来新的增长机遇。

考虑到5G是各国未来一段时间主要信息基础设施和技术竞争的关键领域，对社会经济发展具有较强的拉动作用，我建议采取如下措施。

一是加速工业物联网应用，助力工厂智能化转型。

国家层面已经多次明确，要重点发展工业互联网。我也讲过工业互联网的本质就是物联网。

应加大对高端装备、智能制造、工业物联网等重点领域的研究，接下来国家肯定围绕大型制造企业上下游进行垂直改造，加强对自动化产线、无人工厂等重大技术研发和成果转化的建设。

二是关注智慧农业，助推"乡村振兴"战略实施。

国家有关部门正在制定出台智慧农业应用补贴和优惠政策，并鼓励社会资本、运营商、互联网企业等共同参与，因地制宜规划打造智慧农业示范区、试验区，并在经验成熟后进行全国推广，全面提升农业领域的高新科技应用程度。

农业物联网多年来都是"雷声大雨点小"。问题的根源不是它本身储备不够，而是没有太好的机遇。这次围绕物联网基础设施建设的目标，是农业物联网的春天来了。其中可以重点关注农机物联网产品的推广，还有传感器在各种生产管理环节上的应用。绿色食品是当下主流，食品溯源体系建设也是重点。

三是发展车联网车对外界的信息交换技术，提高智慧交通应用水平。

前面已经重点分析了在5G众多的应用场景中，无人驾驶和车联网被认为是最有可能出现的热点领域。

四是发展大健康产业，特别是医疗物联网应用，助力"健康中国"建设。

有关部门正在推动5G技术在医疗卫生领域的应用，加快完善医疗物联网和健康大数据相关标准，制定医疗智能可穿戴设备及配套信息平台行业标准，出台针对物联网企业在医疗领域投入科学研究、应用开发的鼓励政策，使云计算、人工智能、虚拟现实/增强现实、物联网、区块链等技术在医疗卫生行业更好地集成创新和融合应用，满足人民日益增长的健康医疗新需求。

❖ 思考 ❖

发展物联网的机会从何而来？

58 为什么物联网项目很难融资

▶ 物联网在各个领域发展迅猛，为什么大部分物联网企业仍然融不到资金，苦于奔命呢？

1.对物联网产业的投资

自从2009年物联网这个概念出现以后，社会各界都极为关注。最早的关注人群，他们除了好奇，更多的是寻找商机。

一个新的概念从提出到最终展现出成熟的商业模式，甚至出现明星企业，确实需要很长的过程。在这个过程中投资机构也一直都在关注，它们会对个别企业进行投资。

物联网发展早期最大的投资事件是由中关村物联网产业联盟（以下简称联盟）牵头实现的。2010年底，物联网概念刚刚启动，在联盟的推动下，国内首次出现了针对物联网产业链（集群）的投资方式，彻底打破了以往单点式投资模式。当时的投资人是中关村发展集团，投资对象覆盖了中关村物联网整条产业链最具代表性和成长性的10家企业，总投资额近1亿元。

被投资的企业分布在物联网产业链的上中下游的关键节点，产品包括从位于物联网体系底层的支撑性产品——传感器、RFID，到保障传输的网络关键设备，再到进行运算和控制的软件系统，覆盖物联网产业链"感、传、智、用、运、管"六大关键环节。其中包括处于感知层，从事传感器感知的企业，如志恒达、思比科、昆仑海岸；处于传输层，从事网络传输的企业，如信维科技；处于运算智能层，从事动态实时数据处理的企业，如庚顿数据；处于应用层，从事控制平台建设的企业，如朗德华信、天一众合和东方正通。当时部分被投资企业的技术和产品已经在2008年北京奥运会上成功实现了视频监控、智能交通、RFID食品溯源管理等多项示范应用。

从"点投资"向"链投资"的这种"集群投资"方式是国有资本加快推进战略性新兴产业发展的全新举措。像物联网这样的战略性新兴产业由于处于前期，较难吸引到大批量的社会风险投资。

让国有资本以"集群"方式投资，对于推动战略性新兴产业的规划升级和标准制定，快速提升整个产业竞争力，抢占产业发展的制高点，具有重要的战略意义。此次的投资回报相当不错，最后在被投的企业中有4家上市或进行了并购。

这之后陆陆续续来找联盟推荐企业的投资机构越来越多，一开始我也特别重视，感觉物联网的投资机会到了。不过事实证明，之后由投资机构主导的投资案例很少。联盟也对其中的原因进行过了解，大体上就是因为"看不清楚，不敢投"。最有意思的是很多机构都想让联盟领头，风险投资商跟投。

于是，联盟在2015年终于下决心成立一个物联网产业基金，由政府支持一部分资金，同时联盟也找了一些有限合伙人，发起成立了物联网产业基金。

2.为什么中小型物联网企业很难融资

第一，逐利思维是投资的基础。

资本从来是最现实的，没有哪个资本会做雪中送炭的事情。中小物联网企业最大的问题恰恰是根基不牢，而物联网的开发与互联网或者移动互联网最大、最本质的区别就是要动硬件，甚至是搭系统。这就意味着每一个硬件的开发，哪怕是一道工序，都会影响整个系统的架构或者硬件的开模等。

在这种情况下，一个产品从雏形到最后完善和稳定至少需要18个月以上的时间，然后才能上市，才能面对消费者，才能产生销售收入，而最终销量如何还都是未知数。

第二，物联网企业家大多数是做实业出身，项目思维是惯性思维。

物联网的从业者大多数来自过去的系统集成领域，做软件或者硬件。大家很容易去想如何做项目，都是项目思维。对于项目型的企业家来说，如何将产品卖出去、卖个好价格才是关键。

所以周鸿祎说："我们不会想着怎么去改变规则。"但是由于互联网人的打法看上去如此激进，传统的物联网企业家们也不甘心，会产生错乱，经常会引发"90后凭什么拿到几千万投资"的抱怨。

第三，物联网从根本上说还没到达风口。

现在是移动互联网的最后阶段，尽管大家都在说未来的某一年，物联网将达到几百亿甚至上千亿的终端，远远超出现在的互联网数量。但那是趋势，不是现实。

基于这个根本判断，我们就必须要从自身下手，先考虑生存问题。即便是做项目，也要先做，先积累，先生存。大部分的物联网企业家都能扛得住三年以上，至少能维持生活，要做到"深挖洞，广积粮，缓称王"。

第四，共享单车的教训。

共享单车的两大明星企业都曾遇到过困难。摩拜单车D轮融资曾经超过2.15亿美元，已然是"独角兽"企业了，投资机构代表的评价是"看好摩拜的运营模式、财务状况以及未来的发展潜力"。

而对外界关心的盈利问题，摩拜的CEO王晓峰称，摩拜还太年轻，太着急盈利，未必能实现成立公司时的初衷，"摩拜可以（通过）提高客单价、卖车身广告等来盈利，但目前我们希望获得更多资金，用户变成粉丝之后，再探索盈利模式。摩拜目前的盈利状况远好于市场上的第二名到第几十名的共享单车的企业"。最终，摩拜及时委身美团。

共享单车是在资本的助推下"烧"出一个盈利模型，创造一种全新的商业模式——资本赌注型。不过全看赌得准不准，谁能笑到最后了。

那么大多数中小型物联网企业未来有没有实现融资的机会呢？答案是肯定的。风水轮流转，关键在于怎样做好准备。

3.如果已经具备足够条件可以启动融资了，还有什么要注意的

第一，技术和产品的先进性。

大部分人都觉得自己的产品技术先进。目前市场产品同质化现象严重，基本上都是同样的市场、同类的解决方案，技术原理也没什么差别。联盟服务过7000

多家企业，每年还有大量的企业家朋友不断地找我交流。

第二，一定要脚踏实地。

即便是有投资机构看好你，可是整个流程依然很麻烦。如果你的业绩是包装出来的，一定经不住时间的检验。

千万别把投资当作救命稻草，资本从来都只是锦上添花的。这两年，我看到很多项目都在经历这样的过程，对于被投资者来说简直是折磨。所以，要先练好"内功"。

股市的反应就更明显了，近几年相继曝出来的各种亏损企业，亏损额之大令人惊诧万分，而且上市也不是终极目标。

第三，要学会逐步完善和改变商业模式。

物联网未来的打法肯定也要瞄向服务的，单纯地卖产品很难提升。这个时候能不能创新商业模式又变得至关重要了。也许一个改动，就能化腐朽为神奇。

很多投资机构说，"我们投的是人，是团队"。所以，如果你还不具备上述的实力和能力，也没关系，可以多与同行们交流，多看、多听、多想。

从2016年开始，每年到了总结的时候，大家都说物联网的元年到来了，越来越多的人都参与到物联网的行业中来。事实上，这两年物联网领域规模过亿的大投资也不少见，所以作为小企业也不用担心，物联网的春天迟早都会来的，一定要先活下去。

❖ 思考 ❖

1.如何逐步完善和改变商业模式？

2.从共享单车的案例中能吸取什么教训？

59 哪些物联网项目适合投资和参与

▶ 从行业角度来看，物联网发展的机会遍地都是。随着5G时代的到来，物联网将作为基础设施建设的重点得到发展。

近两年，物联网处于爆发阶段。在全球范围内，大多数企业巨头都已经参与了物联网布局。其中很多国内的传统大企业，尤其是互联网和信息化领域企业，都在抓紧寻找物联网的战机。

相信很多人都听过这句话："二十年前如果你错过了互联网，那么你就错过了人生最佳的暴富机会！"

在2018中国富豪榜排名中，马云和马化腾占据了榜单前两位。两者都是二十多年前进入互联网领域的，马云选择了黄页，后来成了电商的原型；马化腾选择了通信软件——QQ，可谓是神来之笔。无论是电商还是社交网络，都是未来互联网发展的重要方向。

对于互联网来说，必须早早进入才有机会吗？

其实不然，在富豪榜的前20名中，还有6个人也都是出自互联网领域。除了百度的李彦宏、网易的丁磊外，最新出现的是拼多多的黄峥和今日头条的创始人张一鸣，都可以说是后起之秀。由此可见，入行无早晚，选对方向最重要。

1.物联网的发展机会在哪里

首先从大方向上说，物联网确立了新时代到来的标志。5G的出现，宣布了物联网的标准和商业化进程，成为其发展的最大动力来源。

围绕5G的发展，一系列的机会将会出现。其中主要是围绕着网络建设，也就是各种5G设备，华为、中兴等应该是最大的受益者。其他围绕5G的终端产品也可以预见至少未来十年的发展方向。物联网是最大的机会，所以"物的联网终端"都会有大机会。

此外，围绕5G的各种应用也会出现。经过前十年物联网的孕育期，各种围绕物联网的应用早已开始了。

目前物联网正处于初级阶段，面临的最大问题就是碎片化，还有物联网的产业发展路线长、范围宽，但是深度不够的问题。我预测，物联网的辉煌时刻将在2021~2024年真正到来。

2.从物联网的建设来说，什么是"基础设施建设"

中央经济工作会议明确提出，将把物联网作为基础设施建设的重点发展。那么，什么是"基础设施建设"？我认为至少包含以下三个层面。

第一，"大物"的建设。

"大物"建设围绕的是"如何将物体数字化"的问题。过去强调"感知"，即通过传感器、RFID、北斗等定位技术，达到将物体的信息全面数字化。这个过程是最艰难的。

实际上，这是物联网的最基础研究。各种高端传感器规模化、大量芯片技术的持续发展，将带动整个行业的大发展。

第二，"大网"的建设。

除了5G网络建设是重中之重，还有一系列的专网，包括LoRa、Sigfox（一种低功耗广域技术）、蓝牙5.0/6.0之类的网络。

5G无疑是构成物联网的骨干网。但是在各种智能场景下，还会有很多从其他无线标准和技术衍生出来的一系列小的专网，即"场景网"。场景网在3G和4G时代都发挥着极其重要的作用，比如Wi-Fi等。

第三，联网应用新机会。

物能"感知"了，网也建好了，联网应用服务将是最终的结果。那么，怎么"联"才能产生新的商业价值呢？

物联网的典型技术架构是三层结构，此后很多人提出还要有平台层。现在，物联网出现了新的"物联网平台"。

平台层将会与应用层紧密结合，单纯的平台层是无法立足的。未来会是无数个应用层，也就是各种纵向物的联网应用。

3.物联网发展中有哪些成功案例

从行业角度来看，物联网发展的机会遍地都是。有些人已经抓住了，有些人还在中场组织阶段，而且即将产生一大批的成功案例。

与传统互联网相比，物联网的最大特点在于需要长时间的实践和验证。少则三年，多则五年，甚至更久。

全世界有两个经典的物联网案例，一个是谷歌的物联网布局，另一个是苹果公司的物联网布局。

谷歌开发了谷歌眼镜，属于典型的可穿戴设备。在投入了数十亿美元的巨资以后，谷歌最终宣布放弃。物联网之难由此可见一斑。

其次是苹果公司。除了手机外，其最重要的产品是智能手表，也属于大健康的产业生态。苹果公司正在试图将智能手表引入健康领域，那将会是现在的智能手机业态的若干倍。其结果同样未明。

现今最大的物联网项目应用无疑是共享单车。物联网的投资机会和入场方式有很多种，就看哪一种最适合你。

❖ 思考 ❖

物联网不是"单打一"的项目，要不要跟着基金走呢？

60 什么是物联网金融

▶ 本篇将谈一个很有时代价值的概念，就是如何将物联网与金融相结合，更准确地说是"物量金融"。通过物联网和金融融合，让金融能够依托物联网，提升用户服务体验，降低运营成本，实现资金流、信息流、实体流的三流合一。

物联网金融可以改善之前金融的信用体系，能够有效控制金融风险，同时也能影响银行、证券、保险、租赁、投资等众多金融领域的原有模式，带来金融的创新和变革。从本质上讲，物联网金融是基于网络通信技术来服务金融行业。

1.物联网金融的基础：互联网金融+区块链

互联网金融可以通过大数据技术增强金融业务的风控能力，但是存在过分依赖线上数据的问题。具体来说，在大数据搜集上，很难避免人工数据的主观性问题，比如社交数据中存在大量的假数据、僵尸数据等。而且，当前互联网金融采纳的数据更多的是个人的意愿表达，而非客观呈现。同时，这些数据与实体经济缺少连接，无法得到有效和及时的验证，可靠性得不到保证。

互联网金融给金融创新打开了一个口子，技术创新引领着行业创新。随着物联网的发展，将有一批物联网金融的解决方案推动金融体系向着高效率、良性循环的方向不断前进。

当然，除了互联网金融外，还有一个更热门的技术为物联网金融奠定了坚实基础，那就是区块链技术。随着这两年发币的胜极而衰，人们渐渐开始关注到区块链的本质——解决第三方担保交易的问题。这也是淘宝和支付宝诞生的伊始。但是，如果把支付宝担保平台换成一个"可信任的超级系统"，交易变得直观而安全，也就不需要第三方担保了。从某种意义上讲，区块链就是这个"可信任的超级系统"。

在区块链的创新和应用探索中，金融是最主要的领域，现阶段区块链应用的主要探索和实践，也都是围绕金融领域展开的。

在金融领域中，区块链技术在数字货币、支付清算、智能合约、金融交易、物联网金融等多个方面存在广阔的应用前景。而且，由于区块链具有不可篡改的时间戳和全网公开的特性，一旦交易完成，将不会出现赖账现象。这也有效避免了纸票"一票多卖"、电票打款背书不同步等问题。此外，采用区块链技术框架不需要中心服务器，可以节省系统开发及后期维护的成本，并且大大减少了系统中心化带来的运营风险和操作风险。

目前，欧美各大金融机构和交易所纷纷开展区块链技术在证券交易方面的应用研究，探索利用区块链技术提升交易和结算效率，以区块链为蓝本打造下一代金融资产交易平台。

在所有交易所中，纳斯达克证券交易所的表现最为激进。其目前已正式上线了区块链私募证券交易平台，可以为使用者提供管理估值的仪表盘、权益变化时间轴示意图、投资者个人股权证明等功能，使发行公司和投资者能更好地跟踪和管理证券信息。此外，纽交所、澳洲交易所、韩国交易所也在积极推进区块链技术的探索与实践。

如果说区块链解决了第三方信任和交易的安全问题，那么物联网能解决信息不对称的问题，使得信用交换的中间费用大大降低。在物联网金融模式下，可以随时随地掌握物品的形态、位置、空间、价值转换等信息，并且可以充分有效地交换和共享信息资源，彻底解决了"信息孤岛"和信息不对称现象。

2.物联网金融的作用

第一，物联网金融的出现，能够让金融服务由主要面向"人"的金融服务延伸到面向"物"的金融服务，拓展了金融服务的范围。

第二，物联网技术能够实现商品社会各类商品的智慧金融服务。

第三，物联网技术能够解决信息不对称的问题，整合商品社会各类经济活动，实现金融自动化与智能化。

第四，金融服务创新能够融入整合物理世界，未来可以创造出更多新型的商业模式。

3.物量金融

下一代物联网金融体系的核心价值基本能被勾勒出来了，即我所说的"物量金融"。

物量金融包括物的数字化、网络化和交易化。这是基于物联网技术本身可以全部解决的。比如，针对汽车险的恶意骗保问题，可以在投保车辆上安装物联网终端，对驾驶行为综合评判，根据驾驶习惯的好坏确定保费水平；出现事故时，物联网终端可以向保险公司实时告知肇事车辆的行为。

物量金融的"量"解决了传统交易的第三方信任和交易安全问题。"量"的有效评估的最大应用在于赋予动产以不动产的属性，以此加速动产融资业务发展。在传统金融体系中，首先，银行面临重复抵质押、押品不足值、押品不能特定化、货权不清晰、监管过程不透明、监管方道德风险、预警不及时等一系列风险；其次，对于企业来说，传统的动产质押，需要将企业的质押物移到银行指定的仓库中。这不但增加了企业的物流成本，而且会妨碍企业的正常经营。

针对此，物联网技术从人、机、物的客观感知数据出发，能够有效避免社交和消费平台上的假数据问题。物联网能采集包括行为轨迹、消费习惯、医疗数据、场景数据、供应链数据等，都是当下金融技术覆盖不到的地方。

最重要的是，物联网金融将虚拟经济和实体经济连接起来，有效解决了数据的客观性问题。基于此，将会产生更好的信贷模式、信用评估和风控模型。

物量金融将是物联网在金融领域发力的重要理论基础，当下还处于前期的试点阶段，未来的发展空间将不可限量。

❖ 思考 ❖

1.什么是"物量金融"？

2.物联网金融未来的发展空间如何？互联网和区块链技术对其有何影响？

61 物联网金融是数字货币吗

▶ 脸书发行数字稳定币，引起了业内的讨论。物联网金融的发展，在需
求、技术和制度等多个方面为数字货币的创新创造了条件。那么，物联
网金融到底是不是数字货币？数字货币的信用体系是怎么建成的？

1.脸书发行数字稳定币

首先，脸书拥有惊人的用户数。支付宝和微信已经是"巨无霸"，但脸书的
用户量是这两家总量的2～3倍，2018年年底达到了27亿人。这样一个超级"巨无
霸"，曾计划在2020年面向全球两倍于中国的人口发行一种加密数字货币，代号
为"天秤座"。

为此，脸书还准备拉上以下几家支付公司：VISA（一种信用卡品牌）、Master
Card（万事达卡）、PayPal（一种电子钱包，一个账户全球通用）以及第三方聚合
支付工具Stripe（最新估值为230亿美元）。还有三家电商公司：提供打车服务的美
国优步公司、帮助客户预订住宿服务的荷兰缤客网、提供电商服务的阿根廷美客
多网站。

而且这个货币的设计目标非常明确：第一，无国界；第二，没有手续费。无

国界意味着无法进行跨境监管，而没有手续费意味着支付宝、微信钱包将受到沉重打击，接踵而来的是对电子商务支付模式的颠覆。

2.数字货币与未来物联网金融的发展

目前数字货币的主流是比特币和以太坊，且自成一个生态。但是脸书的数字稳定币意味着直接将美元信用强势引入区块链世界中，成为全球数字信用的定价基础。也就是说，数字信用将成为美元信用的一个延伸。虚拟世界要和现实世界连接，离不开物联网，所以物联网产业的重要方向就是物联网金融。

未来物联网金融将与数字货币深度融合在一起。

实际上，物联网金融与互联网金融的核心区别在于，物联网金融打通了线上、线下的各类数据，将虚拟经济和实体经济连接起来，创建了完全客观的信用体系，提高了风险管控的可靠性和效率。

从本质上讲，金融业是经营风险的行业，风险控制是金融发展和创新的关键。物联网让金融体系从时间、空间两个维度上全面感知实体世界的行为，对实体世界进行追踪历史、把控现在、预测未来，让金融服务融合在实体运行的每一个环节中，有利于全面降低金融风险。

物联网金融结合区块链技术必将成为数字货币的坚实基础。

在传统的动产融资业务中，进行动产融资贷款时需要雇佣第三方监管公司对质押物进行监管，这会增加金融机构的成本。同时，在这种业务模式中，监管的质量和准确性主要取决于监管公司的管理能力和现场监管人员的履责程度。物联网新技术的应用，能加速动产融资业务的发展。

在投资领域，通过物联网技术，可以赋予商品以金融属性，有助于实物资产证券化、财富化。

总而言之，物联网和金融的深度融合，使金融能够依托物联网技术，提升服务体验，降低运营成本，实现资金流、信息流、实体流的三流合一，从而变革金融的信用体系，控制金融风险，深刻、深远地变革银行、证券、保险、租赁、投资等众多金融领域的原有模式，带来新的金融变革。

❖ 思考 ❖

物联网金融对数字货币有哪些影响？

62 为什么物联网金融必将取代互联网金融

▶ 纵观国内外金融发展史，金融的每一次创新都离不开最新技术的驱动。近年来，随着大数据、物联网、云计算、区块链、人工智能等科技的爆发式增长，金融业态和模式也将发生巨大的变化。

物联网金融正以前所未有的方式深刻影响着金融行业。物联网所有的信息都源于客观感知，是在实体世界镜像感知的信息。这将导致互联网和物联网时代的商业模式、架构体系、思维方式等产生根本差异。

物联网是超越互联网的，互联网是主观、确定的信息，而物联网是客观、非确定的信息。物联网可以客观反映实时监控的动态信息。

1.物联网金融是如何实现的

传统金融行业认为，物联网金融是指面向所有物联网的金融服务与创新，涉及所有的物联网应用。物联网行业认为，物联网金融是指面向实体经济的金融体系化，是客观存在的物体经济的数字化。

物联网的发展，使金融服务与资金流数字化。数字化的金融与数字化的物品有机集成与整合，使物联网中的物品属性与价值属性有机融合，从而实现物联网金融服务。

2.物联网会对金融业产生什么影响

作为下一种发展趋势，物联网的发展必将促进互联网金融向普惠金融的纵深处发展。物联网金融必将取代互联网金融。

传统金融的一大核心是不动产的抵押，这基于物联网新技术的应用可以对企业的"动态行为"（如应收账款、库存、销售等数据）进行监测和对"数据"进行捕捉，从而将轻资产企业的"不动产"转为"动产"，为银行的授信提供依据。

举个例子，苏州银行在无锡投放了一款"物联融"的创新产品，并与10家中小型科技型企业签约授信，授信总额达6650万元。这是金融界首个专款为物联网产业研发的新产品，是物联网产业发展的创新。

物联网动产融资是物联网金融的实践之一。一般来说，企业的动产难以抵质押获得融资。例如，一家食品公司销售一批牛奶给下游分销商，由于分销商无法立即全额付款给食品公司，就会提出融资需求。那么只要通过物联网传感设备对这批牛奶进行追踪、监控和管理，就能准确、清晰地获取库存及销售数据，确保分销商及时还款。

试想一下这样的场景：作为分销商的一家超市，每卖出一箱牛奶即扫描牛奶箱上的条形码，库存数量减少一箱，销售数据增加一箱，销售收入立即得到计算和更新。这样，分销商、食品公司和融资服务机构都可以实时接收这一数据变化，通过运用物联网技术，实现对这批牛奶的智能监管。

当下金融体系的核心游戏规则就是信用体系，相比于传统的主观信用体系，物联网金融将建立起全面的客观信用体系。

3.物联网金融有哪些优点

第一，物联网金融的可行性。

物联网思维和技术在生产、生活场景上的广泛运用和渗透实现了物物、人物之间的信息交互和无缝对接，重构了目前的金融信用环境，为金融业带来了客观信用体系，为"物联网+金融"的融合创新奠定了坚实的基础。

物联网金融可实现客户信息的获取渠道多元、获取成本低廉、获取效率提升，最大程度降低了金融机构与客户之间的信息不对称，在金融交易成本和交易效率方面实现"帕累托改进"。

第二，物联网金融的必要性。

实体经济当前的融资困境在于典当型抵押式担保限制了信用创造空间，制约了抵押标的偏弱的中小微企业动产融资需求。有统计显示，全国目前的动产是以百万亿计算的。按照国际惯例，动产贷款量大概占动产总量的60%～70%。而中国当前只有5万亿左右的动产贷款，却有数百万亿动产没有得到有效的信用运用。

随着物联网在金融领域的广泛运用，通过大力发展物联网金融，将拓展动产质押业务，撬动动产金融、供应链金融的发展，从而降低抵押类信贷业务的比重，为中小微企业的无抵押贷款提供新的信贷"闸口"，切实有效缓解中小微企业融资难的问题。

第三，物联网金融的创新性。

作为金融科技的技术集成，物联网与金融的融合创新，赋予非固定资产信用化，促进了物联网场景中价值属性与物品属性的有机结合、智慧应用与金融服务的有机衔接，实现了金融由主观信用向客观信用的转化。

物联网金融借助客观信用重构了传统业务模式和风控模式，实现了对客户的精准获取、精准营销和精准风控，让金融服务实体经济的质量和效率显著提升。

4.如何更好地大力发展物联网金融

（1）传统金融机构积极布局物联网金融

传统金融机构想要打造物联网金融必须从物联网思维出发，把物联网思维和技术植入自身的模式、业务、风控、管理中，扬弃陈旧的思维定式，先行先试，为物联网金融服务实体经济扫清思维障碍。

传统金融机构在推动物联网金融创新发展时要积极引导传统产业及企业实现真实应用场景的物联网化改造，打通物联网金融服务实体经济的"最后一公里"。

（2）金融科技企业要加快"赋能"物联网金融

物联网金融服务实体经济需要通过科技力量驱动金融的智能化发展，在金融交易成本和交易效率上实现质的突破，使金融资源在实体经济中得到优化配置。

（3）政府部门鼓励物联网金融创新发展

一方面，政府相关部门应积极制定物联网金融发展战略规划，完善物联网金融基础设施建设，出台物联网金融相关法律法规以适应物联网金融业务发展需要；另一方面，政府部门通过政策优惠、税收减免、专项基金、人才培育与引进等激励方式促进"物联网+金融+实体经济"加速融合，实现"1+1+1＞3"的社会经济效应。

未来，人类将面临以下三大问题。

第一，生物本身就是算法，生命是不断处理数据的过程。

第二，意识与智能的分离。

第三，拥有大数据积累的外部环境将比我们自己更了解自己。

物联网金融本身就是一个动态的发展过程，争取在短时间内要有理论上的突破，更要在实践上有较大的突破。

区块链技术正是物联网金融发展的新"抓手"，如果能从更多人热衷的发币回归到物联网金融的本源，那么物联网金融的核心安全算法，以及供应链金融体系的改造就会早日实现。

❖ 思考 ❖

物联网金融有哪些优点？

63 软银的三大投资秘诀是什么

▶ 近几年，软银愿景基金在全球积极推动大手笔投资，一定程度上弥补了日本在法律规制、消费体量等方面对人工智能等最新科技带来的负面影响。同时，将全球各领域最优秀的公司纳入麾下，形成一个强者恒强的软银生态，以支撑软银集团持续发展的企业战略。

2018年软银集团发布业绩会，其主要的收益来源股票价值约27兆日元，其中阿里巴巴占据了半壁江山，其他收入主要由从事通信业务的软银株式会社、Sprint（美国第四大无线运营商）、芯片业务ARM以及软银愿景基金组成。

软银愿景基金的布局以规模大为主要特点，而且作为软银集团2.0，已经进入了一个新的阶段。实际上，创立软银愿景基金并以这种形式再次进入成长轨道，大约两年时间，软银愿景基金的投资对象已经超过了80家，包括中国的字节跳动、满帮、滴滴、平安好医生、金融壹账通、作业帮、众安保险、瓜子二手车母公司等。上述中国企业大都是所在领域的佼佼者。

总的来看，软银愿景基金的投资核心秘密有三个。

第一是聚焦人工智能。

以AI为中心，在工业、交通、物流、医疗、房地产等各个领域展开。

第二是投资"独角兽"企业。

这些"独角兽"都是所在领域的佼佼者。

第三是促进产生"相乘"效果。

软银集团董事长孙正义提出"群战略"，聚焦人工智能，已经在交通出行、物流、医疗健康、不动产、金融科技、企业服务、消费者服务、前沿科技等方面进行了投资。

现在的互联网流量是不带有智能的单纯的数据流量，是知识流量。今后不仅要检索知识流量，还将检索带有智能的流量，以此做出推论和预测。

互联网流量一直处于上升状态，从来没有下降过。股价会随着人们的评价产生波动，时升时降。但即便如此，股价仍然上涨了1000倍。

将"AI群战略"与AI流量相关联，以2元曲线为软银集团增加股东价值。这是孙正义的愿望，也是他的决心。

"AI群战略"以及软银愿景基金的运作模式，已经并且仍将持续、重度、越来越多地影响全球的投资生态，值得我们好好研究。

❖ 思考 ❖

软银的三大投资秘诀是什么？如何应用？

64 为何热点剑指物联网操作系统

▶ 物联网的热潮来临，大家普遍把关注点放在感知层、传输层和应用项目
几个大方向上。但是有一个领域却很少有企业触及，那就是物联网操作
系统。

1.嵌入式系统的由来

从20世纪70年代单片机的出现，到各式各样的嵌入式微处理器、微控制器的
大规模应用，嵌入式系统已经有近30年的发展历史。

最初，嵌入式系统的出现是基于单片机的。汽车、家电、工业机器、通信装
置以及成千上万种产品可以通过内嵌电子装置来获得更佳的使用性能。但是，这
时的应用只是使用8位的芯片，执行一些单线程的程序，还不能称为"系统"。

2.物联网操作系统的发展历程

从20世纪80年代早期开始，嵌入式系统开始用商业级的"操作系统"编写嵌
入式应用软件，以获取更短的开发周期、更低的开发资金和更高的开发效率，嵌
入式系统出现了。确切地说，这时候的操作系统是一个"实时核"，其中包含了

许多传统操作系统的特征，包括任务管理、任务间通信、同步与相互排斥、中断支持、内存管理等功能。

20世纪90年代以后，随着对实时性要求的提高，软件规模不断上升，"实时核"逐渐发展为实时多任务操作系统，并作为一种软件平台逐步成为目前国际嵌入式系统的主流。这时候，更多的公司看到了嵌入式系统广阔的发展前景，开始大力发展属于自己的嵌入式操作系统。相继出现了Palm OS（一种32位的嵌入式操作系统）、WinCE（微软公司的一种开放的、可升级的32位嵌入式操作系统）等嵌入式操作系统。

2000年以后进入移动互联网时代，随着智能手机的爆发，操作系统的争夺战愈演愈烈。除了传统的WinCE在走下坡路，还有新兴的两大霸主——苹果公司和谷歌的两大系统，以及Linux（一种可支持32位和64位硬件，性能稳定的多用户操作系统）的免费开源，操作系统的争夺战事实上异常激烈。

2018年10月29日，IBM宣布以340亿美元的价格收购红帽公司，标志着全球最大的开源解决方案厂商的大战拉开帷幕。这一举措对IBM来说意义重大。红帽公司对于程序员来说是一个家喻户晓的名字，很多普通人也耳熟能详。不可否认的是，尤其是在云计算和Linux生态系统方面，红帽公司是一家重要的公司，拥有众多的业务。

2016年，软银以320亿美元收购了ARM芯片公司。从红帽公司以340亿美元被收购，到谷歌操作系统的砥砺奋斗，无疑都是要取得未来物联网的核心制高点。"缺芯少魂"不是简单说说而已，要从根本上埋头苦干。

❖ 思考 ❖

1.物联网操作系统的发展历程是怎样的？

2.作为时下热点，物联网操作系统将会迎来怎样的发展？

65 从人脸识别到刷脸支付的
视频智能会成为物联网的爆点吗

▶ 手机端的人脸支付功能正在加大推广力度，这无疑是一个信号。人工智
能将在视频领域进行大规模扩张，从而引发物联网的新一轮爆发。

六年前，马云是最早在公众场合演示人脸支付的。2015年3月15日汉诺威IT
博览会在德国开幕，阿里巴巴创始人马云作为唯一受邀的企业家代表，在开幕式
上做演讲。在发表完演讲后，马云还为德国总理默克尔与时任中国国务院副总理
马凯演示了蚂蚁金服的人脸识别技术，并当场"刷"自己的脸给嘉宾买礼物。

马云选择的礼物是淘宝网上售卖的一枚1948年的汉诺威纪念邮票。他用手机
登录淘宝，首先选择产品，然后进入支付系统，确认支付后出现扫脸页面，接着
扫脸（拍照）等待后台认证，最后显示支付成功。

1.人脸识别产品的广泛应用

2012年4月13日京沪高铁安检区域人脸识别系统工程开始招标，上海虹桥站、

天津西站和济南西站三个车站安检区域开始安装用于身份识别的高科技安检系统——人脸识别系统，以协助公安部门抓捕在逃案犯。

事实上，人脸识别技术覆盖考勤、门禁安防等多领域的产品设计与研发项目。现今人脸识别产品已广泛应用于金融、司法、军队、公安、边检、政府、航天、电力、工厂、教育、医疗及众多企事业单位等领域。

2014年8月起，日本在部分机场的出入国审查（边检）处重启人脸识别系统的实验。2012年日本首次实验人脸识别因错误频发而一度中止，但法务省认为，为迎接2020年东京奥运会，需提高边检速度，于是决定重启实验。

实验在2014年8月起进行约5周的时间，对象为在羽田机场和成田机场乘机的日本人。日本政府在各地机场设置了仅凭指纹识别便可通过的自动边检门，但因需要事先登记指纹，乘客利用率不高。而人脸识别最大的好处是无须事先登记。

目前，在我国多个高铁站都已经实施了人脸识别自动进站系统。

2.人脸识别怎样实现

人脸识别被认为是生物特征识别领域甚至人工智能领域最困难的研究课题之一。人脸识别的困难主要是人脸作为生物特征的特点所带来的。不同个体之间的区别不大，所有人脸的结构都相似，甚至人脸器官的结构外形都很相似。这样的特点对于利用人脸进行定位是有利的，但是对于利用人脸区分人类个体是不利的。

人脸的外形很不稳定，人可以通过脸部的变化产生很多表情，而在不同观察角度，人脸的视觉图像也相差很大。另外，人脸识别还受光照条件（如白天和夜晚、室内和室外等）、遮盖物（如口罩、墨镜、头发、胡须等）、年龄等多方面因素的影响。

在人脸识别中，第一类的变化应该放大，作为区分个体的标准；而第二类的变化应该消除，因为它们可以代表同一个体。通常称第一类变化为类间变化，称第二类变化为类内变化。

对于人脸，类内变化往往大于类间变化，从而使得在受类内变化干扰的情况下利用类间变化区分个体变得异常困难。这也是人工智能技术普及首选语音识别作为突破口，以人脸识别为代表的视频智能化作为爆发点的主要原因。

人脸识别系统集成了人工智能、机器识别、机器学习、模型理论、专家系统、视频图像处理等多种专业技术，同时需结合中间值处理的理论与实现，是生物特征识别的最新应用，其核心技术的实现，展现了弱人工智能向强人工智能的转化。

3.人脸识别算法将继续沿着四大方向发展

第一，基于人脸特征点的识别算法。

第二，基于整幅人脸图像的识别算法。

第三，基于模板的识别算法。

第四，利用神经网络进行识别的算法。

根据美国国家标准与技术研究院2018年全球人脸识别算法测试的最新结果，在最新排名中，前五名算法被中国公司包揽，显示出了中国公司强大的竞争力。其中，依图科技的算法包揽了前两名，商汤科技的算法获得第三名和第四名，中国科学院深圳先进技术研究院的算法获得第五名，旷视科技的算法获得第八名。此外，俄罗斯的AI公司也有不俗的表现。

目前，依图科技在千万分之一误报下的人脸识别准确率已经接近99%。同时依图科技启动"AI防癌地图"项目，计划在未来五年内投入1亿元项目资金，联合数百家医疗机构，覆盖全国19个省（自治区、直辖市），以AI应用提升医疗机构服务供给能力，推动中国肿瘤筛查进入"AI+"时代。

同时，国外人脸识别技术的进展也非常迅速。美国旧金山创业公司Ever AI成立于2013年，开发了用于构建企业级人脸和对象识别应用程序接口和移动软件开发工具包的最大标记数据集。通过提供各种面部识别和属性识别服务，非常适合与客户关系管理数据混合使用，并为客户提供个性化营销体验。他们正在通过对覆盖全球95个国家和地区的数千万用户提供130亿张照片和视频来进行AI培训。

更有意思的是，AI"独角兽"公司旷视科技再次转换角色，成为一个"战略投资者"。2018年11月2日，连锁便利店"好邻居"宣布完成新一轮数千万美元融资，人脸识别"独角兽"旷视科技出现在此轮投资方名单之中，成为"好邻居"的重要战略股东之一。官方数据显示，"好邻居"在数字化改造后，降本增效显著。"好邻居"股东——"鲜生活"创始人肖欣对外表示，"好邻居"此次融资后，融资款会继续用于门店AI设备的持续投入和数字化改造等方面。

作为国内四大人脸识别"独角兽"之一，旷视科技选择战略入股"好邻居"，做的正是"AI+"的商业化布局。旷视科技加速落地的迫切心情，其实从2017年9月就初见端倪，当时旷视科技为阿里巴巴的无人店"淘咖啡"提供了视觉技术方案。

　　未来，商业智能化，线下门店完全数字化，"人—货—场"的所有信息与互动，被完全结构化传入云端，将是新的趋势。

　　❖ 思考 ❖

人脸识别技术将怎样发展？

66　为什么要发展卫星物联网

▶ 我认为真正的6G应该就是卫星物联网组成的时空物联网系统，而并非现在提出来的6G体系。如果在5G的基础上初步实现了人联网与物联网的基本区分，未来的业务方向更多将转向物联网。

人类生存的空间包括城市和乡村周边，这些地方仅占地球总面积的1/10，现有的无线网络是远远无法满足要求的。

1.卫星物联网有怎样的发展历程

（1）铱星计划

说到卫星通信网络，人们第一个想到的就是摩托罗拉在20世纪80年代提出并执行的"铱星计划"。当年如日中天的摩托罗拉希望通过77颗卫星，让信号覆盖地球每一个角落，只要是肉眼可见的地方，都可以通过星群向世界各地传递信息，并且信息的渠道是双向的。

由于金属元素铱有77个电子，这项计划就被命名为铱星计划，该名称可以说是来自极客的极致浪漫（后来出于技术方面的考量，卫星总数降低到66个）。计划总投资高达60亿美元，由于运营成本太高，不得不将卫星电话卖到每部3000美元，通话资费高达每分钟7美元。由于铱星计划只可以使用20赫兹的频段进行信息传输，可承载的通信量非常有限，普通民众难以负担。最终，铱星计划以2亿美元的价格被收购，仅作为特殊通信手段被美国军队使用。

（2）投资新卫星项目

2018年4月，美国财经网站报道，卫星影像公司EarthNow发起了一项通过卫星实时录制地球影像的项目。该公司刚刚从一些科技公司的顶级投资者那里获得了大量资金，其中包括软银、空中客车以及微软联合创始人比尔·盖茨。

EarthNow表示，计划发射约500颗卫星，对几乎整个地球表面进行"实时的、未经修改的"的直播拍摄。人们可通过智能手机和平板电脑访问这些视频，而且应用开发者也能使用这些视频。EarthNow计划最初向政府和企业提供"商业视频和智能视觉服务"。EarthNow成立于2017年，其前身是以拥有庞大专利组合而闻名的高智发明公司。EarthNow还计划为普通公众创建一个"实时地球视频"，该视频可通过智能手机和平板电脑访问，类似谷歌地球，但具有实时图像。

该公司列出了其地球监测星座的一些使用案例，例如捕捉非法捕鱼行为，观察台风及其随着气压的变化，检测森林火灾的发生，观察火山瞬间爆发，协助媒体讲述来自世界各地的故事，跟踪大型鲸鱼迁徙过程，帮助智慧城市变得更加高效，提供有关作物健康的按需数据，并观察世界各地的冲突地带。

比尔·盖茨与软银董事长孙正义将斥资10亿美元投资该项目，在太空中安装一个"星座"照相机，全天候监测整个地球表面。未来将有500颗覆盖着地球的视频监控型卫星，这让人既兴奋又很恐惧。

（3）最为知名也最为大胆的卫星计划

太空探索技术公司曾打算发射4425颗通信卫星来覆盖全球，这一数字已经超过了人类到目前为止所发射的所有卫星的总和。

不过，2018年11月15日太空探索技术公司向美国联邦通信委员会提交了申请之后，几个月过去了，至今没有获得批复。这使得竞争对手OneWeb（全球卫星电信网络的初创公司）捷足先登了。

对于为什么要投资OneWeb及其计划的功能和愿景，孙正义给出了这样一段描述：

我们以前向人们提供连接，是通过信号塔和设备，人们在地上彼此连接。这个公司很有意思，从空中、从太空中提供连接。

在过去，卫星离地很远，36000千米，所以有延迟，连接就变慢。我们要提供1200千米的卫星，离我们近30倍，距离更近了，延迟更低了。我们要在今后几年发射800枚卫星，最终达到2000枚。

这些卫星起到空中基站的作用。传统地上的基站传输信号，信号会撞上树、建筑、屋顶很多次，速度和性能越来越差。你可以想象，新卫星信号就像直接从空中下来的光纤，连接到我们的用户。它的传输速度可以达到上行50兆比特每秒、下行200兆比特每秒。距离更近，延迟更低，这就是我们提供的。

乡村、屋顶上的设备，还有移动的汽车，所有的东西都要连接起来。现在边远地区的汽车因为信号问题连不起来，以后的汽车都可以连接起来。所以通过这种卫星，我们会有10亿付费用户。

（4）中国的卫星物联网

有统计显示，2017年全球约120家风投机构为商业航天企业投资了近40亿美元。在资本的推动下，中国也涌现了一批低轨卫星项目，这里盘点一下有代表性的几家：第一，中国航天科技集团的鸿雁星座计划。中国鸿雁星座由300颗低轨道小卫星及全球数据业务处理中心组成，具有全天候、全时段及在复杂地形条件下的实时双向通信能力，可为用户提供全球实时数据通信和综合信息服务；第二，中国航天科工集团的虹云工程计划。中国虹云工程计划发射156颗小卫星，在距离地面1000千米的轨道上组网运行，构建一个星载天基宽带全球移动互联网络，以满足中国及国际互联网欠发达地区、规模化用户单元同时共享宽带接入互联网的需求。虹云工程预计在2022年完成部署，并于2018年发射首颗卫星；第三，九天微星。九天微星成立于2015年6月，主要研发小卫星总体设计、关键载荷研发和组网等技术，主要从事微小卫星创新应用与星座组网运营。按照计划，2018下半年九天微星将发射"一箭七星"的"瓢虫系列"，未来近百颗物联网卫星将发射升空；第四，天启物联网星座。天启物联网星座由北京国电高科技有限公司部署和运营，该公司在2018年10月底发射首颗卫星，计划到2021年前，部署完成由38颗低轨卫星组成的覆盖全球的物联网数据通信星座。天启物联网星座不仅能有效解决地面网络覆盖盲区的物联网应用问题，满足广泛应用于地质灾害、水利、环保、气象、交通运输、海事和航空等行业部门的监测通信需求，服务国家军民融合战略，还能有效解决制约智能集装箱产业发展的关键通信问题，从而加速这个百亿级市场的产业化进程。

2.卫星物联网支持的场景有哪些

第一，应急网络连接，保障全球通信。

第二，高空高速低延迟宽带网络。

第三，解决偏远地区家庭、学校等光纤成本过高的问题。

3.为什么需要卫星网络

第一，占地球表面大部分面积的海洋、沙漠等区域无法建立基站。

第二，用户稀少或人员难以到达的边远地区建立基站的成本很高。

第三，发生自然灾害时（如洪涝、地震、海啸等）地面网络容易被损坏。因此，地面物联网的覆盖范围是有限的。

4.如果建立卫星物联网，它具有哪些优势

第一，覆盖地域广，可实现全球覆盖，传感器的布设几乎不受空间限制。

第二，几乎不受天气、地理条件影响，可全天时全天候工作。

第三，系统抗毁性强，自然灾害、突发事件等紧急情况下依旧能够正常工作。

第四，易于向大范围运动目标（如飞机、舰船等）提供无间断的网络连接等。

卫星物联网是一个全新的产业方向，需要投资者有坚定而执着的追求。要懂得借助别人的智慧，等待和抓住历史的机遇，还需要从实践中积累的经验。

❖ 思考 ❖

1.卫星物联网的优势及其具体应用场景有哪些？

2.如何从卫星物联网的历史进程及其现况看待其未来发展？

67 最先进的无人机被击落的秘密是什么

▶ 不管采用何种方法，核心都离不开定位系统。这也是物联网在感知层中的重要作用。不仅要感知和读取物体的数字化信息，同时还要能够准确定位。

美国RQ-4全球鹰被伊朗击落事件引起了全球的关注。

RQ-4全球鹰无人机由美国军工巨头诺斯罗普·格鲁曼生产研发，整体感应模块由领先全球的美国军工电子企业雷神提供，是目前实战部署的最先进的无人机侦察机之一。

RQ-4全球鹰单价高达2亿美元，相当于目前2～3架F-35A战机的价格。

该无人机长13米，翼展35米，最大起飞重量近12吨，最大载油量近6吨，有效载荷近1吨。使用一台涡扇发动机，最大飞行速度大于700千米/小时，最大飞行高度约2万米，航程大于2.5万千米，续航时间约40小时。改进型RQ-4B翼展增加到39米，有效载荷大于1.3吨，最大飞行速度略有降低。该机载有合成孔径雷达、电视摄像机、红外探测器等侦查设备，最大探测半径200～450千米。

这么先进的无人机是怎么被击落的？其背后的秘密是什么呢？

能够将无人机击落必须具备两大关键，第一是能够将其发现，这无疑需要雷达系统。事后公布的资料可以证明，伊朗使用了相控阵雷达；第二是能够准确定位和准确制导，而定位和制导都离不开一项关键技术，那就是GPS。

通常使用的GPS分为民用版和军用版。民用版的定位精度低，也有很多位差限制；军用版的GPS只有美军才能使用，并且在战时会关闭所在地区的信号，这样对方军队就会变成"睁眼瞎"。

全球能提供全方位卫星定位技术的，除了美国的GPS外，还有欧洲的伽利略系统、俄罗斯的格洛纳斯系统，而总体性能可以与GPS媲美的，无疑是中国的北斗卫星系统。

1.欧盟伽利略

欧盟于1999年首次公布伽利略卫星导航系统计划，其目的是摆脱欧洲对美国全球定位系统的依赖，打破其垄断。该项目总共发射了30颗卫星，可以覆盖全球，位置精度达几米，亦可与美国的GPS兼容，总投入达34亿欧元。与美国的GPS相比，伽利略系统更先进，也更可靠。美国的GPS向别国提供的卫星信号，只能发现地面大约10米长的物体，而伽利略的卫星则能发现1米长的目标。一位军事专家形象地比喻说，GPS只能找到银河系，而伽利略可以找到地球。

2.俄罗斯格洛纳斯

格洛纳斯系统是由俄罗斯单独研发部署的卫星导航系统，该项目启动于20世纪70年代。截至2021年5月，俄罗斯有30颗格洛纳斯卫星在轨运行。

格洛纳斯系统完成全部卫星的部署后，其导航范围可覆盖整个地球表面和近地空间，定位精度在1.2米之内。

不过，格洛纳斯的应用普及情况远不及GPS，这主要是因为俄罗斯并没有开发民用市场。另外，格洛纳斯卫星平均在轨寿命较短，只能与GPS联合使用，致使其实用精度大大下降。

3.北斗卫星导航系统

北斗卫星导航系统空间段由5颗静止轨道卫星和30颗非静止轨道卫星组成，2018年11月19日2时7分，我国在西昌卫星发射中心用长征三号乙运载火箭（及远征一号上面级），成功发射第42、43颗北斗导航卫星。

中国自行研制生产的北斗卫星导航系统不仅具备在任何时间、任何地点为用户确定其所在的地理经纬度和海拔高度的能力，而且在定位性能上有所创新。

北斗系统与其他系统最大的不同，在于它不仅能让用户知道自己的所在位置，还可以告诉别人自己的位置，特别适用于需要导航与移动数据通信的应用场合。

此外，中国还致力于提高北斗卫星导航系统与其他全球卫星导航系统的兼容性，促进卫星定位、导航、授时服务功能的应用。

所以，在全球四大卫星定位系统中，伊朗能够使用的基本就是格洛纳斯系统或北斗系统。从实际情况来分析，使用后者的可行性更大。

不管采用何种方法，其核心都离不开定位系统，这也是物联网在感知层中的重要作用。

在建筑领域，BIM（一种应用于工程设计、建造、管理的数据化工具）系统也已成为主流。不仅要感知和读取物体的数字化信息，同时还要能够准确定位。随着北斗系统的完善和全球化进程的深入，物联网技术将会被推向新的高度，发挥出更大的作用。

❖ 思考 ❖

1.四大导航系统的优劣分别是什么？

2.在建筑领域，BIM系统能发挥什么作用？

68 为什么移动通信技术的发展如此迅速

▶ 2009年1月7日，我国决定发放三张3G牌照。2014年，我国又发放了4G牌照。2019年发放5G牌照。短短十年间，就从3G迅速跨越到5G。

移动通信技术的发展如此迅速，其内在动力是什么呢？

1.移动通信的百年发展历程

19世纪末，马可尼发现无线电波远距传输信息的作用后，人类才开始摆脱有线固定通信电线的束缚。

1899年11月，美国"圣保罗号"邮船在向东行驶时，收到了从150千米外的怀特岛发来的无线电报，莫尔斯电码的嘀嘀嗒嗒声像婴儿呱呱落地的第一声啼哭，向世人宣告一个新生事物——移动通信诞生了。

1900年1月23日，波罗的海霍格兰岛附近的一群渔民被困，通过无线电呼叫而得救，移动通信第一次在海上证明了它对人类的价值。

1901年，英国蒸汽机车装载了第一部陆地移动电台。

1903年底，莱特驾驶自己发明制造的飞行器，开创了航空新领域，飞机需要通信来保障飞行，于是移动通信相继在海、陆、空起步了。

1947年，贝尔实验室的科学家利用超短波只能视距传播的制约，通过逆向思维提出了蜂窝通信的概念，解决了频率复用、覆盖扩展两个问题，为广大百姓的应用奠定了技术基础。

1978年，贝尔实验室研制出先进移动电话系统，1G得以面市。

1985年，美、日、英、法、北欧相继生产了基于蜂窝通信概念的8种大同小异的模拟移动电话1G系统。各个国家的实践表明，将无线电从为少数人服务扩展到为广大公众服务是可行的。

2.移动通信近30年间从1G到4G的构成

1G：第一代标准都是基于频分多址（FDMA）技术，主要解决了公众模拟话音通信问题。

2G：第二代标准基于时分多址（TDMA）技术，主要解决了公众数字话音通信与低速数据通信问题。

3G：第三代标准基于码分多址（CDMA）技术，主要解决了公众高速数据通信问题。

4G：第四代标准基于正交频分多址（OFDMA）技术。

3.TD-S具有满足移动互联网需求的技术优势

当初没有人料到1996年后互联网会发展得如此迅猛。因此，欧美标准根本就没有考虑过要适应互联网的要求，这样3G便处于一种高不成低不就的尴尬状态。而且WCDMA和CDMA2000都存在不适应互联网非对称业务的致命弱点，以致日本、欧洲的运营商发展缓慢、经营困难，甚至出现巨额亏损，而欧美的商用3G则一再延期。在这种情况下，WCDMA标准不得不修改升级，于是产生了3.5G的高速下行分组数据接入标准。

中国的TD-SCDMA（时分同步码分多址）严格来说是为移动互联网需求而诞生的。TD-SCDMA标准是采用时分双工TDD（测试驱动开发），以S开头的智能天线、软件无线电和上行链路同步3项关键专利技术综合开发而成的CDMA移动通信系统。

TD-S具有以下几点满足移动互联网需求的技术优势。

第一，采用TDD技术，利用语音通信的特点，当一方讲话时对方在听，因此只用一个下行路，上行路是空闲的；利用互联网非对称业务的特点，从网上下载的远远多于发到网上的，因此也是下行路忙，上行路闲；只要一个频段，按需分配上行或下行的时间。所以TDD有节约频谱的天然优势，符合移动互联网发展方向。

第二，采用智能天线，可降低发射功率，减少多址干扰，提高系统容量；采用接力切换，可克服软切换大量占用资源的缺点；采用TDD，不要双工器，可简化射频电路，系统设备和手机成本较低。

第三，采用软件无线电，更易实现多制式基站和多模终端，系统易于升级换代，通过TD/GSM双模终端可适应二网一体化的要求。

TD-S不但能够大范围覆盖、高速移动和高速传输数据，适合独立组网，而且具有频谱效率高、适合非对称业务、性价比高、适合2G网络过渡和技术升级等突出优势。从而在公众移动通信领域为迈入移动互联网探寻了一条新路，为后续4G/5G的TD-LTE奠定了技术基础与产业基础。

4.4G的诞生

智能天线使用光纤拉远技术解决了9根天线阵与27条馈送电缆的工程困扰，为后续4G/5G采用MIMO天线技术创造了条件。软件无线电为后续5G的SDN、NFV技术开了先河。

同时，数据业务流量的激增也为运营商带来建设和运营方面的巨大挑战。由于业务收入不能随着业务量线性增长，承载成本和业务收入之间的差距随着数据业务量的指数级增长也将越来越大，因此运营商势必要寻求更为高速率、低成本的技术体制。

OFDM技术适合在多径传播和多普勒频移的无线信道中传输高速数据，因而被无线局域网、无线城域网采用，后又移植到移动通信领域。随着WiMAX（全球微波接入互操作性）的挑战，高速蜂窝移动网向3G长期演进技术加速发展，4G也就应运而生了。

5.TD-LTE技术

2006年9月，LTE标准正式开始起草，制定了基于WCDMA的LTE-FDD与基于TD-SCDMA的LTE。它们和WiMAX的重要底层技术都是基于OFDM和MIMO。3G技术的长期演进代表了移动通信产业发展的一个重要方向，受到多数传统移动通信运营商的高度重视，发展异常迅速。

TD-LTE技术顺应移动通信网络宽带化、IP化、智能化的发展趋势，具有如下显著特征。

第一，高速率。下行峰值速率至少100兆比特每秒，上行峰值速率至少50兆比特每秒。

第二，高频谱效率，为HSPA的2~4倍。在带宽需求日益增加而频谱供应日益紧张的情况下，TDD方式的频谱效率较高。

第三，网络结构扁平化，整体架构基于分组交换。可灵活地支持非对称业务，更适应移动互联网的需求。

第四，系统部署灵活，能支持1.4~20兆赫的多种系统带宽，以及成对和非成对的频谱分配。

第五，降低无线网络时延，具有完善和严格的网络服务质量机制，保证实时业务的服务质量。

第六，自组织网络，降低网络建设、优化及维护成本。

第七，强调向下兼容，支持已有的3G系统和非3GPP规范系统的协同运作。

第八，可利用信道对称性易于实现MIMO等新技术来改进系统性能。

与3G相比，TD-LTE具有明显的技术优势，能很好地解决业务带宽需求和承载成本的问题。

6.5G

移动通信深刻改变了人们的生活，但已经规模化应用的4G，应对爆炸性的移动数据流量增长、海量的设备连接、不断涌现的各类新业务和应用场景等仍显捉襟见肘，促使人们追求更高性能的移动通信，第五代移动通信（5G）系统也就应运而生了。

5G将渗透到未来社会的各个领域，5G将使信息突破时空限制，提供极佳的交互体验，为用户带来身临其境的信息盛宴；5G将拉近万物的距离，通过无缝融合的方式，便捷地实现人与万物的智能互联。

5G需要追求比4G更高的性能，有以下几点。

一是用户体验速率。真实网络环境下用户可获得的最低传输速率达到100~1000兆比特每秒，4G仅为10兆比特每秒。

二是连接数密度。单位面积上支持的在线设备总和达到每平方千米100万，4G仅为10万。

三是端到端时延。数据包从源节点开始传输到被目的节点正确接收的时间缩短至1毫秒，4G为10毫秒。

四是流量密度。单位面积区域内的总流量达到10兆比特每秒/平方米，4G仅为0.1兆比特每秒/平方米。

五是移动性。满足性能要求下收发双方间的最大相对移动速度达到每小时500千米以上，4G仅为350千米。

六是单用户峰值速率。单用户可获得的最高传输速率达到20吉比特每秒，4G仅为1吉比特每秒。

其中，用户体验速率、连接数密度和端到端时延为5G最基本的三个性能指标。

从1G到4G系统，依次以FDMA→TDMA→CDMA→OFDMA等不同多址接入技术革新为换代标志，频谱效率与数据速率也依次提高。1G/2G基于有线电信网技术（CT技术）促进了电信网的移动化。2G数字化之后，提供了运用计算机技术与微电子技术的可行性，又恰逢互联网（IT技术）的大发展，产生了互联网移动化的需求。3G开始促使CT技术与IT技术融合，于是4G向移动互联网迈进。以上四代解决的都是人与人的连接通信问题。

现阶段，全球新一轮科技革命和产业变革正在孕育，如人工智能、大数据、云计算等的兴起。跨行业、跨领域的融合创新不断深入，对移动通信技术也提出了更高的要求。

移动通信的大发展能深刻改变人类社会的方方面面，未来还将加速6G的诞生。

❖ 思考 ❖

1. 4G和5G应运而生的条件分别是什么？

2. 如何加快6G的诞生？

69 从三网融合到广电物联网会带来什么新机遇

▶ 广电物联网是一个新概念、新事物，同时也开启了一个崭新的市场。过去传统意义上大家讨论更多的是三网融合和IPTV（交互式网络电视），认为这是广电网络的主要发展方向。

1.什么是三网融合

三网融合是指电信网、计算机网（也有说互联网）和有线电视网三大网络通过技术改造，形成一个统一的网络，能够提供包括语音、数据、图像等综合多媒体的通信业务。

三网融合的概念是一种广义的、社会化的说法。它是指在信息传递中，把广播传输的"点"对"面"、通信传输的"点"对"点"，以及互联网的IP技术体系融合在一起。当然并不仅仅是指电信网、计算机网和有线电视网三大网络的物理合一，三网融合的内涵主要是指高层业务应用的融合。

三网融合从技术上可以实现互联互通，形成无缝覆盖，业务层上互相渗透和交叉，应用层上趋向使用统一的IP协议，在经营上互相竞争、互相合作，朝着提供多样化、多媒体化、个性化服务的同一目标逐渐交汇在一起，行业管制和政策方面也逐渐趋向统一。一直以来，三网融合指的就是电信网、广播电视网和互联网的相互渗透、互相兼容，并逐步整合成为统一的信息通信网络。

2.促进三网融合的条件是什么

三网融合是为了实现网络资源的共享，避免低水平的重复建设，形成适应性广、容易维护、费用低的高速宽带的多媒体基础平台。光通信技术的发展，为综合传送各种业务信息提供了必要的带宽和高质量传输，成为三网业务的理想平台。

软件技术的发展使得三大网络及其终端都通过软件变更，最终支持各种用户所需的特性、功能和业务。

最重要的是普遍采用统一的TCP/IP协议，使得各种以IP为基础的业务都能在不同的网上实现互通。这是人类具有的第一份统一的三大网都能接受的通信协议，从技术上为三网融合奠定了最坚实的基础。

3.三网融合经历了哪些过程

三网融合是一个长期而艰巨的过程，首先是通信体制的变革。2010年1月13日国务院常务会议决定加快推进电信网、广播电视网和互联网三网融合。由此，多个地方开展了多种形式的三网融合探索。

会议明确了广电和电信企业双向进入的原则，并指出，符合条件的广播电视企业可以经营增值电信业务和部分基础电信业务、互联网业务；符合条件的电信企业可以从事部分广播电视节目的生产制作和传输，实现广电和电信企业的双向进入，推动三网融合取得实质性进展。由于基础电信业务涉及范围较广，广电企业可以开展哪些基础电信业务成了最大的问题。基础建设和市场拓展绝对不是短期内就能实现的。

此外，会议还鼓励广电企业和电信企业加强合作、优势互补、共同发展，在2013~2015年，要基本形成适度竞争的网络产业格局。会议指出，要重点发展网络广播电视和移动多媒体广播电视。发展移动多媒体广播电视，围绕扩大覆盖、增加内容、拓展服务的要求，力争形成一定的用户规模，充分调动地方的积极性、主动性。

这期间，创新产业形态、探索技术路线成为广电三网融合发展中的关键因素。

4.三网融合的应用有哪些

除了有线电视业务外，三网融合的应用十分广泛，遍及智能交通、环境保护、政务管理、公共安全、平安家居、智能消防、工业监测、养老服务、个人健康等多个领域。

随着三网融合的进一步发展，IPTV业务就成了电信运营商的新机会。多年来，电信运营商们被挡在行业的门外，看着庞大的视频内容业务却无法进入该领域。

从某种意义上说，三网融合是电信运营商打开广电业务大门的重大利好。所以，从2015年开始，发展IPTV就成为必然趋势。

IPTV是使用宽带网络作为媒体来发送电视信息的系统，通过宽带上的互联网协议向用户提供数字电视服务。

IPTV具有非常强大的功能。从技术角度来看，IPTV是一种通过电视在宽带网络上观看节目的形式。然而在中国，IPTV具有独特的运营模式。国内IPTV运营商都是电信运营商（移动、电信、联通等），是由电信运营商主导的电信增值业务。IPTV作为电信运营商家庭宽带的附加产品，与家庭宽带和家庭电话一起打包销售。在最初的设计中，所有IPTV机顶盒通常都仅连接到服务网络，无法访问公共互联网。因此，IPTV能播放的内容远不如当前的有线电视那么开放。然而，与传统的有线电视相比，能够提供视频点播、直播和回顾等服务的IPTV仍然是非常有竞争优势的。由于被电信运营商控制，用户无法独立安装和使用IPTV，他们需要向电信运营商支付增值服务费以接收内容。与传统的有线电视相比，IPTV只取代了从有线电视线到宽带网线接收信号的信道。支付电视服务费的对象已从有线广播电视局改为电信运营商。

从形式上看，除了通过宽带网络的频道外，IPTV还需要添加运营商指定的机顶盒。通过指定的机顶盒连接到网络，访问指定的内容平台。几家互联网电视许可证持有者（如上海百视通、杭州华商、CNTV等）提供点播和直播内容。可以把IPTV看作交互式网络电视，集互联网、多媒体、通信等技术于一体，向家庭用户提供包括数字电视在内的多种交互式服务的崭新技术。

从技术储备角度来看，IPTV为广电5G网络的发展奠定了坚实的基础。互联网电视终端和智能机顶盒就是5G终端，只需要对其进行改造，或者直接替换，一张覆盖全国各地的广电5G网就会瞬间完成。

总的来说，广电物联网是包括智慧家庭场景在内的天然入口。前面很多年，大家都在苦苦追寻家庭的入口，从无线路由器、电视到门禁对讲系统、空调，都没有取得成功。今天看来，不仅仅是电视和机顶盒，未来的定位5G终端，可能就是各种屏幕。所有的运算和存储能力都在云上，广电物联网同时也是最佳的边缘计算的节点。

从目前来看，广电物联网的网络和终端都准备好了，后面就是各种行业应用。

原来各个广电台的分散是劣势，而今天将成为优势，这也特别符合物联网碎片化的发展过程。

由此可见，广电物联网的前景广阔。物联网企业的下一主战场很可能就在广电市场。让我们拭目以待！

❖ 思考 ❖

1.广电物联网的前景如何？

2.什么是IPTV？

70 WiMAX是什么技术

▶ 简单来说，WiMAX就是Wi-Fi的加强版，它实际上是基于IP网络之上，IT技术向电信领域的"入侵"。

近来有篇文章在网上非常火，叫作《北电之死》。文章提到北电失败一个很重要的原因就是北电投入赌注的WiMAX技术最后失败了。

1.WiMAX是什么

WiMAX即全球微波互联接入，它还有另外一个名字——802.16。

从802.16就能看出WiMAX和802.11（无线局域网，也就是Wi-Fi）之间的关系。确实，WiMAX和Wi-Fi都是IEEE定义的通信技术协议标准。

Wi-Fi是无线局域网技术，而WiMAX是城域网技术。其实WiMAX可以理解成加强版的Wi-Fi。Wi-Fi最多无障碍传输几百米，而WiMAX理论上可以传输50千米。除此之外，它还有传输速率高、业务丰富多样等特点。WiMAX的领航者是IT巨头，核心是英特尔，这也可以看作另外一条演进路线。

2.怎么才能实现更大范围的无线覆盖

城域级的无线必须要进军电信业，即在原来802.11的基础上推出新的技术版本，也就是802.16。

2005年，英特尔和诺基亚、摩托罗拉共同宣布发展802.16标准，进行移动终端设备、网络设备的互通性测试。

WiMAX采用了许多新技术，如OFDM正交频分多址和MIMO多天线等。

在技术优势明显、市场前景广阔的情况下，WiMAX迅速成为通信圈的"新宠"，极大地动摇了3GPP和3GPP2的地位，对传统的三大3G标准构成了实质威胁。对此，在2005年WiMAX进军移动通信业时，高通耗费了6亿美元，战略性收购了一家专门研发OFDM技术的公司。并且在2007年提出了UMB（CDMA2000系列标准的演进升级版）计划，把CDMA、OFDM和MIMO都整合进UMB标准中，以继续维持CDMA的优势。

3.WiMAX是IT网络还是电信网络

最关键的问题还是电信设备的兼容性。如同高通败在W-CDMA基站的广覆盖上，LTE可兼容WCDMA，且利用现有基站配套设备，而WiMAX基站却要从头建起。更何况LTE从头到尾就是电信业主导的通信标准。

正如前面所说，WiMAX实际上并不算是移动通信技术，而是基于IP网络之上，IT技术向电信领域的"入侵"。

WiMAX技术主导者是英特尔、IBM、摩托罗拉、北电（北电网络，加拿大著名电信设备供应商），以及北美的一些运营商。英特尔与摩托罗拉向WiMAX项目注资9亿美元，紧接着美国运营商再注资30亿美元。整个行业一下子沸腾了，大量的WiMAX相关研究论文发表出来。

眼看形势一片大好，很多企业都纷纷投入这项所谓的"3.5G"技术的怀抱。北电更是全力下注。现在看来，除中国内地外，亚洲几乎都成了WiMAX的试验田。日本、韩国、马来西亚、菲律宾等都部署了WiMAX。

然而，高通和WiMAX联盟的谈判最终以失败告终。高通所有的芯片都不支持WiMAX，而英特尔当时也没有预见到智能手机的崛起，因而根本没有重点发展手机芯片，结果可想而知。

不出所料，在缺乏产业链支持的情况下，WiMAX的形势急转直下。因为网络设施跟不上、芯片供应短缺、产业链发展严重不足等问题，WiMAX的使用体验非常差，WiMAX阵营开始瓦解。

到了2010年，WiMAX标准的最大支柱英特尔宣布解散WiMAX部门。随后，北电宣布破产。

损失惨重的不只是北电。2012年投入了500多亿美元的中国台湾地区的运营商，发现6家运营商的WiMAX用户加起来还没有15万。

总而言之，WiMAX阵营彻底输掉了这场战争，也逐渐淡出了大家的视野。

❖ 思考 ❖

1.WiMAX是什么？

2.“北电之死”给人的启示是什么？

71 广电5G有何不同

▶ 5G时代，中国广电对于中国广电系统的发展有着重要的战略意义。同时，中国广电凭借700兆赫的频谱资源部署5G，将实现优秀覆盖。

2019年6月6日上午，工信部正式向中国电信、中国移动、中国联通、中国广电发放了5G商用牌照。这意味着我国正式进入5G商用元年。

1.为什么是广电5G

中国广电全称中国广播电视网络有限公司，成立于2014年4月17日，注册资金45亿元，股东为国务院。

值得注意的是，中国广电的出资人、管理者、监管者分别隶属不同单位。注册资金全部以货币出资，由中央财政安排，财政部代表国务院履行出资人职责，财务关系在财政部单列，国家广播电视总局（以下简称广电总局）负责组建和代管，由广电总局和工信部按照职责对中国广电相关业务实行行业监管。

此外，中国广电还肩负着广电网络统一全国的重任。广电系统一直存在"地方各自为政，没有一张全国统一化的网络"的问题。为此，广电总局正在积极推进全国有线电视网络整合和互联互通平台建设，争取尽快形成"全国一张网"，进一步提升网络业务创新和开发能力，有效解决分散经营、用户持续流失的窘况。

由此可见广电5G的战略意义之重大。

2.广电5G的特点是什么

其最大优势就是频谱资源。

广电5G获得了700兆赫的频谱资源，700兆赫被称为5G频谱中的黄金频谱，具有信号传播损耗低、覆盖广、穿透力强、组网成本低、国际标准支持等优势。广电采用该频段部署5G，大约能节省千亿元的投资。在该频段下，广电可以委托中国铁塔低成本快速部署5G网络，实现优秀覆盖。

根据2018年12月工信部发布的5G频谱规划方案，中国电信获得3.4～3.5吉赫的100兆赫频谱资源，中国联通获得3.5～3.6吉赫的100兆赫频谱资源，中国移动获得2515～2675兆赫的160兆赫带宽及4.8～4.9吉赫的100兆赫频谱资源。如果广电使用700兆赫进行5G的广覆盖，那么整体的覆盖成本将比三大运营商降低30%左右。

另外，进入5G时代，借助高速网络，未来智慧家庭、娱乐、虚拟现实走入普通人的家庭成为可能。

而数字电视的下一代技术也将是全IP传输，5G牌照对广电的重要性不言而喻。4G时代广电已经被边缘化，如果不搭上5G这班车，对于广电来说将是毁灭性的。中国广电拿到5G牌照简直是下了一场及时雨。

凭借广电系的先天条件，中国广电在"内容版权+网络"方面独具优势，再加上5G的传输资源，未来将有巨大的发展潜力。

❖ 思考 ❖

1.中国广电的发展有何战略意义？

2.广电5G有何特征？

72 数据中台是大数据平台吗

▶ 数据中台被誉为大数据的下一站，核心思想是数据共享。但不是所有人都清楚数据中台到底意味着什么。

1.数据中台解决什么问题

数据中台解决的问题可以总结为如下三类。

一是效率问题。为什么应用开发增加一个报表，就要十几天时间？为什么不能实时获得用户推荐清单？当业务人员对数据产生疑问的时候，需要花费很长的时间，结果发现是数据源的数据变了，最终影响上线时间。

二是协作问题。开发业务应用的时候，虽然和别的项目需求差不多，但因为数据是别的项目组维护的，所以还是要自己再开发一遍。

三是能力问题。数据的处理和维护是一个相对独立的技术，需要相当专业的人来完成。但是很多时候，应用开发人员有很多，而数据开发人员很少。

这三类问题都会导致应用开发团队工作效率变慢。这就是中台需要解决的问题——让前台开发团队的开发速度不受后台数据开发的影响。

所以，数据中台是聚合和治理跨域数据，将数据抽象封装成服务，提供业务价值给前台的逻辑概念。

2.数据中台和数据仓库、数据平台的区别有哪些

这是现在数据行业经常讨论的问题。三者的关键区别有以下几方面。

第一，数据中台是企业级的逻辑概念，体现企业将数据变成价值的能力，为业务服务的主要方式是提供数据API（应用程序接口）。

第二，数据仓库是一个相对具体的功能概念，是存储和管理一个或多个主题数据的集合，为业务提供服务的方式主要是分析报表。

第三，数据平台是在大数据的基础上出现的融合了结构化和非结构化数据的数据基础平台，为业务提供服务的方式主要是直接提供数据集；数据中台距离业务更近，为业务提供速度更快的服务。

第四，数据仓库是为了支持管理决策分析，而数据中台则是为了将数据服务化之后提供给业务系统，不仅适用于分析型场景，也适用于交易型场景。

数据仓库具有历史性，其中存储的数据大多是结构化数据，这些数据并非企业全量数据，而是根据需求针对性抽取的，因此数据仓库对于业务的价值是各种各样的报表，但这些报表又无法实时产生。数据仓库报表虽然能够提供部分业务价值，但不能直接影响业务。

数据平台的出现是为了解决数据仓库不能处理非结构化数据和报表开发周期长的问题。所以除业务需求外，把企业所有的数据都抽取出来放到一起，成为一个大的数据集，其中有结构化数据、非结构化数据等。当业务方有需求的时候，再把他们需要的若干个小数据单独提取出来，以数据集的形式提供给数据应用。

数据中台可以建立在数据仓库和数据平台之上，是加速企业从数据到业务价值的中间层。数据中台是在数据仓库和数据平台的基础上，将数据生产为一个个数据API服务，以更高效的方式提供给业务。

做中台之前，首先需要知道业务价值是什么，要从业务角度去思考企业的数据资产是什么。

数据资产不等同于数据。数据资产是唯一的、能为业务产生价值的数据。对于同一堆数据，不同业务部门所关注的数据指标可能完全不同。它们会规划企业的数据全景图，将所有可能用上的、所有可能对企业有价值的数据都规划出来，最终梳理出企业的数据资产目录。这个时候不需要考虑有没有系统、有没有数据，只需要关注哪些数据对企业业务有价值。

要将中心化、事前控制式的数据治理方式改为去中心化、事后服务式的治理方式。

3.数据中台的价值是什么

没有共享和开放，数据就没有办法流动起来，价值产生的速度就会非常慢。因此，企业的数据中台一定是跨域的，需要让所有人都知道数据资产目录在哪里。不能因为数据安全，就不让大家知道企业有什么数据。所以在数据安全的基础上，企业的数据资产目录要对利益相关者、价值创造者开放，要让业务人员能够做到自助服务。

数据中台不仅要建立到源数据的通路，还需要提供分析数据的工具和能力，帮助业务人员去探索和发现数据的业务价值。一个好的数据中台解决方案，需要针对不同业务岗位的用户提供个性化的数据探索和分析的工具，并且在此基础上一键生成API数据，以多样化的方式提供给前台系统。

数据中台需要保证数据服务的性能和稳定性，以及数据质量和准确性，还需要具备强大的服务治理能力。数据中台是一个生态平台，在数据中台上面会不断生长各种数据服务，所以从一开始就构建好数据服务的治理结构是非常重要的。数据服务需要被记录、被跟踪、被审计、被监控。

数据中台还需要具备度量和运营数据服务的能力，能够对中台上提供的数据服务及相关行为持续跟踪和记录，包括哪些数据服务被哪个部门用了多少次等，通过这些去度量每一个数据服务的业务价值。

4.数据中台建设面临的挑战有哪些

建设数据中台最大的挑战不仅在于后期的技术建设，还在于前期能否从业务层面梳理清楚有业务价值的场景，以及数据全景图。

数据中台建设面临的挑战有以下几点。

第一，梳理业务场景。要搞清楚数据中台如何对业务产生价值。

第二，建设数据中台的优先级策略。需求可能大而全，但不能直接建大而全的数据中台，应该根据业务重要性来排列需求的优先级。

第三，数据治理问题。和业务独立开的数据治理少有成功的，大的数据标准要有数据资产目录。通过数据资产目录，将共有的纬度、共性的业务模型提炼出来。数据治理需要跟业务场景紧密结合。

数据中台用更高效、更协同的方式加快从数据到业务的价值，能够给业务提供更高的响应力，所以数据中台距离业务更近。对于传统企业的数据业务而言，这是一个重大的变化，同时也会给原来的数据团队带来巨大的挑战。当前国内外已经有不少公司开始投资建设数据中台，大家比较熟悉的公司包括阿里巴巴、华为、联想、海航、上汽、壳牌等。

世界正在从信息化向数字化发展。信息化是指大部分的工作都在物理世界里完成，然后用数字化解决一小部分问题。数字化则是把人从物理世界搬到数字化世界。从这个角度来讲，数据中台将成为物理世界的业务在数字化世界中的一个还原。

数据中台设计的初衷是将计算与存储分离，从狭义上说，真正最核心的数据中台可以没有存储。但就当前的情况来看，广义的数据中台在未来一段时间内仍会涵盖数据仓库、数据湖等存储组件，"数据工厂"这个概念可能更适用于现在的阶段。随着数据中台的发展，未来很有可能不再需要数据湖了。

最后我们简单明了地做个总结：

第一，中台是组织机构，具有中介代理职能，中间大两头小。入和出的统一、处置、管控的集中。

第二，中台是运行机制，运营一体化。全过程、全流程、全生命周期的贯通、穿透、聚合。

第三，中台是支撑体系，服务模式集合。协同各方，服务各方，资源的集约化归集和利用。

❖ 思考 ❖

1.数据中台的价值是什么？

2.如何面对建设数据中台的挑战？

展望篇

73　物联网基础设施平台该如何建设

▶ **物联网平台是面向物联网领域的管理平台。通过构建公共物联网服务平台汇聚行业应用，为各行各业提供物联网服务。**

这几年物联网产业持续迎来热潮，前有窄带物联网，而后的5G热更是将物联网推向新的高度。同时，以政府为主导的物联网基础设施正在投资建设中，各地纷纷成立大数据局。这些都为后续的物联网产业运营服务打下了坚实基础。

1.智慧城市：物联网的主战场

物联网的主战场就是智慧城市。那么，如何让城市"智慧"起来？万物互联就是真正的基础。

从中国地方政府工作报告和"十三五"规划中不难发现，截至2017年3月，中国95%的副省级城市、83%的地级城市（总计超过500个），均明确提出或正在建设智慧城市，预计总投资规模将达到万亿元级别。

此外，根据相关机构2017年的市场调研报告，全球智慧城市市场规模预计将从2017年的4246.8亿美元增至2022年的12016.9亿美元，年复合增长率达23.1%。

随着技术的发展，智慧城市先后经历了以"个人计算机+互联网"为基础，电子政务和电子商务为主要应用场景的1.0时代；以"智能手机+移动互联网"为基础，移动支付为主要应用场景，实现了城市"以人为中心"的高度信息化的2.0时代；而后，随着窄带物联网的诞生，智慧城市进入以物联网为城市神经网络，人工智能为城市"大脑"的3.0时代。其中，移动物联网作为实现智慧城市3.0的基础，正成为业界投资和建设的热点。

2.公共物联网服务平台：行业深度融合，智慧全面升级

目前，各行各业中的智慧城市物联网服务都呈现出"烟囱化"和"碎片化"的特征：有独立的应用管理系统、独立的接口标准和数据格式，甚至有独立的网络，却无法实现互联互通，难以为城市决策者提供全面的数据支撑。由此可见，智慧城市3.0的发展亟待构建一个跨行业、跨厂家的融合物联网管理平台。

就智慧城市本身而言，其主要应用场景为智慧水务、智慧井盖、智慧环保、智慧消防、智慧交通、智慧照明等公共设施和公用事业。虽然这类应用场景具有明显社会效益，但是初期投资大，商业价值不明显。因此，如何实现政府（行业管理部门）、垂直行业、运营商、设备厂商等多方共赢的商业模式，以降低准入门槛、实现社会效益和商业价值之间的平衡，就成为制约智慧城市爆发性增长的关键问题。

此外，运营商也发挥了重要的作用。目前，全球有超过50家运营商已经部署了物联网平台，在智慧城市应用方面取得了不俗的成绩，并且与50个行业进行了深度融合、联合开发。只有构建公共物联网服务平台，汇聚行业应用，才能更好地为各行各业提供物联网服务。

物联网平台作为面向物联网领域的管理平台，通过统一的连接管理保障政府或者行业在第一时间获取业务信息、数据、终端状态，通过标准化的数据接口为城市管理者提供决策支撑数据，助力智慧城市3.0的发展。

同时物联网平台的运营商将面向行业开发者，为行业合作伙伴提供物联网产品的开发、测试、认证及创新支持服务，以此帮助行业伙伴产品快速上市，实现大中小企业合作共赢。

❖ 思考 ❖

1.智慧城市作为物联网未来发展的主战场，如何推动物联网基础设施平台的建设？

2.怎样建设一个跨行业、跨厂家的融合物联网管理平台，实现政府、企业的互利共赢？

74 CPS会是物联网的2.0版本吗

▶ 物联网是万物相连，"连"是动作，不是结果。以后的目标是什么？赛博系统的建立可以说是物联网未来的一个发展方向。

1.什么是赛博系统

赛博系统，英文简称CPS，是Cyber-Physical Systems的缩写，也可以叫作数字物理系统。

按照更为标准的解释，CPS应该叫作信息物理系统。信息物理系统通过集成先进的感知、计算、通信、控制等信息技术和自动控制技术，构建了物理空间与信息空间中人、机、物、环境、信息等要素相互映射、适时交互、高效协同的复杂系统，实现系统内资源配置和运行的按需响应、快速迭代和动态优化。

物联网就是把物体的感知、传输和应用结合起来的系统。可见，CPS对于怎么应用说得更清楚，目的很明确。

CPS被称为工业4.0的核心理念，也是工业互联网的核心理念。从狭义上讲，CPS将作为内核定位在工业制造和计算网格的范围内。从广义上讲，CPS在国际上已经远超出自动控制领域，它涉及计算机、电子信息、网络通信、信息管理等跨学科知识和技术。

CPS包括制造、农业、医疗、教育、能源、交通、环保等应用内容，自然过程或工业过程都是其密不可分的组成部分。它不是受控的物理系统，而是受控和物理的系统。

Cyber源自希腊语单词Kubernetes，意思是舵手。美国应用数学家、控制论创始人诺伯特·维纳在《控制论》中使用了Cybernetics一词，现在学术界一致将其翻译为"控制论"。Physical指的是物理的、客观的世界。可描述的范围非常宽泛，不单单指大家平时理解的硬件，包括所有的自然现象过程和工业生产过程。Cyber-Physical描述的是一个能控能观、可与人类主观意识产生信息交互循环的客观世界。Systems指的是多个系统，在CPS中直接用了复数形式，表明这些系统不是孤立的，而是一群关联性很强的系统。

2007年，美国总统科学顾问委员会把CPS列为8个重点领域之首。从此美国政府确定了CPS发展战略，美国自然科学基金委员会累计资助了百余个CPS研究课题。而CPS真正在工业领域火起来，是德国为它定义了一套可落地的技术框架，并大量应用到制造业中，还将CPS作为工业4.0的核心内容进行了宣传和丰富。

其中，加州大学伯克利分校对CPS的定义是，CPS是计算过程和物理过程的集成系统，利用嵌入式计算机和网络对物理过程进行监测和控制，并通过反馈环实现计算和物理过程的相互影响。

2010年3月1日，德国工程院启动了有关CPS的项目，并通过近两年时间的研究，发布了《信息物理系统综合研究报告》，在报告中首次提出了"CPS+制造业=工业4.0"的提法；2012年继续开展工业4.0的研究，并于2013年发布了《德国工业4.0未来项目实施建议》。

2. "CPS+"前景如何

如果说"CPS+制造业=工业4.0"，那么"CPS+其他行业"呢？深入研究下去会有很多惊喜不断的结果。

从新一轮产业变革的全局出发，结合多年来推动两化融合的实践，我认为信息物理系统是支撑信息化和工业化深度融合的综合技术体系。可以看出，信息物理系统是工业和信息技术范畴内跨学科、跨领域、跨平台的综合技术体系所构成的系统，覆盖广泛、集成度高、渗透性强、创新活跃，是两化融合支撑技术体系的集大成者。信息物理系统能够将感知、计算、通信、控制等信息技术与设计、工艺、生产、装备等工业技术融合，将物理实体、生产环境和制造过程精准映射到虚拟空间并进行实时反馈，作用于生产制造全过程、全产业链、产品全生命周期，从单元级、系统级到系统之系统（SoS）级不断深化，实现制造业生产范式的重构。

可以说CPS将为很多行业带来变革。

物体信息化和信息物理化产生互补。物体信息化恰恰是物联网1.0版本的重点，而下一步是信息物理化，也就是赛博系统进入空前繁荣的过程。

这个大胆的探索也许会是新一轮技术创新的开始。如果工业互联网的核心价值就是CPS，那么赛博系统确实可以作为物联网发展的重点去仔细研究。

❖ 思考 ❖

"CPS+"会推动哪些领域、行业的发展变革？

75 物联网创新的四大秘籍是什么

▶ 要做好物联网，首先必须要掌握基础知识。我总结出的物联网创新的四大核心秘籍要点为：认知、需求、创意、硬件。

谷歌收购Nest极大地刺激了物联网的硬件开发，甚至由此诞生出一个细分产业，叫智能硬件。2014～2015年，是智能硬件发展迅猛的两年，大量投资蜂拥而至，大家觉得机会终于来了。

不过几年来，从我接触的大量与智能硬件相关联的企业发展来看，实际情况没那么简单。

秘籍一：解决认知的问题

什么是认知问题？当你进入某一新领域，做决策的时候一定要克服达克效应。这是一种认知偏差现象，指的是能力欠缺的人在自己欠考虑的基础上得出错误结论，但是无法正确认识到自身的不足，不能辨别错误行为（这些能力欠缺者沉浸在自身营造的虚幻的优势之中，常常高估自己的能力水平，却无法客观评价他人的能力）。

有一个"1万小时定律"，指的是一个人要进军某一领域，要么是这一领域的专家，要么是这一领域里的高级用户。如果两者都不是，那就想办法努力1万个小时变成他们，基本就是在某个领域至少扎根五年以上，然后再谈论做不做的问题。

秘籍二：对于需求要进行严格调查

对于需求的了解非常重要。如果你能认真寻找100个人，将你的想法告诉他们，与之仔细交流，基本上能够明确你的需求是不是刚需。试想，不了解市场，不了解竞争对手，不清楚客户的性格特征，不知道该为哪些客户服务，不清楚自己的产品能否为客户带来价值……当一切全部处于未知状态或者模棱两可的时候，就是最危险的时候，你的任何决策都可能导致失败。

在构建一款成熟的产品之前，无论从产品、市场的角度看，还是从竞争对手的角度看，很多创意想法都需要进行严格的验证。这时候，你唯一可以相信的就是调查结果，实践是检验真理的唯一标准。

秘籍三：学会做"减法"

当你构思出一个基本的想法并形成一个产品的创意后，一般都会飘飘然。当与其他人交流你的创意后，每个人都会夸赞你，然后会说"但是，如果能有某功能的话，可能会更好"。这时候，在大脑发热的情况下，你会一口答应"没问题"，认为"太好了！我又找到了新的卖点"。

在这样的场景下，最初的产品就会越来越复杂，功能越多，意味着成本越高，开发的难度越大。从表面上看，产品能满足更多的人群使用，但结果只会出现"四不像"的局面。我们都喜欢做加法，做减法的时候，一定是不情愿的。

99%的人会倾向于做多功能产品。我们总希望能多用一种功能来补充另外一部分市场或客户，却往往事与愿违。另一个功能就是另外一种产品，功能越多，对手和敌人也就越多。

秘籍四：不要低估硬件

从1995年开始接触通信设备，到后来接触各种交换机、路由器、防火墙，甚至是手机，再到2002年参与第一代电子书的研发生产和销售，这一系列的经历无不告诉我，上了硬件的"战船"，很可能就是陷入无限的痛苦之中。因为一款稳定且很少有缺陷的产品是很难实现的。最稳定的产品在最后成型的时候，其实删掉了很多好的功能。在强调稳定性同时，也意味着不完美。

创建一家成功的公司并不容易，而构建一家成功的硬件公司更是难上加难。开发一款原型产品只是创建硬件公司万里长征的第一步。真正的挑战是接下来的产品设计、生产工厂、加工制造、成品分销，以及市场营销。所以，一旦开始，最好要做足心理准备。

此外，硬件产品验证和迭代周期比软件产品的时间更长，获得资金的难度相对更大。风投会考虑硬件初创公司的固有风险，因此通常需要硬件公司自身具备一些竞争力。比如，大部分创始人都有一定的积蓄，并且有能力不断填补公司的开销。

不仅如此，管理现金流也将是挑战。因为在产品销售给客户之前，就需要提前几个月给供应商付款，销售回款却遥遥无期，而传统的营销渠道最擅长的就是账期。所以需要我们给智能硬件"降降温"，让智能硬件回归本源。踏踏实实去做一款好产品，那很可能就是下一款热销产品。

最后还有一个非常重要的问题，做互联网的时候，我们都喜欢做用户画像。而在做物联网的时候，你的用户画像是谁呢？答案是"物"，要给真正的物做画像。这是一个心态的转变，也是一个需要时间去改变的过程。

❖ 思考 ❖

如何用四大秘籍跻身物联网智能硬件研发的浪潮中？

76 为什么物联网技术更需创新

▶ 2012年1月19日，纽约泛欧交易所宣布，暂停伊士曼柯达公司的普通股
在纽交所的交易。纽交所发布声明指出，交易所确定柯达公司的普通股
已不适合继续交易。柯达股票价格连续30个交易日的平均收盘价低于1
美元，跌至纽交所持续交易所必须达到的最低股价标准之下。

　　今天回顾柯达的没落，大多数人认为它是被技术创新颠覆的，胶卷相机败于
数码相机，是柯达太保守了吗？

　　令人啼笑皆非的是，1975年，美国柯达实验室研发出了世界上第一台数码相
机，但由于担心胶卷销量受到影响，柯达一直未敢大力发展数码业务。2003年，
柯达最终选择从传统影像业务向数码业务转型。

　　全世界第一款数码相机的发明者——柯达的相机工程师史蒂夫·萨森后来对
《纽约时报》的记者说，当时柯达公司高层拿着那台仅有1万像素的数码相机原型
对他说："这玩意儿很可爱，但你不要跟别人提起它。"

1.柯达没落——宿命还是自导悲剧

全世界曾经的胶卷三巨头，除了柯达外，还有日本的富士和中国的乐凯。

富士胶片经过市场摸索寻求多元化的发展，将其最早的影像事业（传统胶卷、数码相机、数码冲印设备）、信息事业（印刷、医疗和其他光器械等光学材料）、文件处理事业三大业务板块调整为医疗生命科学、高性能材料、光学元器件、电子影像、文件处理和印刷六大重点发展事业，传统胶卷业务在公司整体收入中的占比仅为2%。

作为中国的"胶卷王"，乐凯的转型之路也一直被外界关注。在意识到只进行产品结构调整所创造的利润不足以维持企业继续发展的问题后，乐凯在原有业务数字化转型的基础上，选择光学薄膜（广泛用于光学和光电子技术领域的材料，平板电视、笔记本电脑等的液晶显示屏依靠的关键材料之一）作为产业结构调整的主要方向，向技术密集、资金密集、技术难度大、附加值高的领域发力。

虽然都是因为数码时代的到来导致传统胶片行业衰败，企业被迫转型，但是从市场情况来看，唯有柯达转型不力，面临着破产的窘境。这是因为柯达是被动转型，而富士、乐凯在发展过程中及时对业务和战略进行调整，虽然转型谈不上十分成功，但是仍保持了后续发展的势头。

2.百年老店更需创新

柯达的没落，不仅由于其技术创新的滞后，更是忽视消费体验的必然结果。直到2003年，柯达才宣布全面进军数码产业，并于其后陆续出售医疗影像业务及相关专利权。但是，当时佳能、富士等日本品牌已占据数码影像的龙头地位，就连韩国三星、中国华旗等企业亦已初具规模。此时，曾一度辉煌的柯达已经丧失了占领数码影像的先机。

柯达落后的关键节点应该是在2000年左右。消费类数码相机普及的阶段，柯达没跟上脚步。没有抓住当时人们对相机的要求，即便宜、轻便、好看、易用等。市场份额一旦失去，再想拿回来就很难了。数码技术发展的速度实在太快，而且有越来越快的趋势，以后还会不断有厂商掉队。

因此，创新和变化虽不能完全确保企业永立潮头，却是企业持续生存和发展的必要前提。故步自封、不思创新难以赢得未来，而傲慢和忽视消费体验将令一家企业难以持久。

3.数码相机的发展前景如何

目前，生产数码相机的主要厂家基本情况如下。

一线品牌包括佳能、尼康、索尼、柯达、富士、松下等品牌，它们的共同特点是拥有雄厚的技术开发能力，成像质量较好，有较全的产品线，有较高的知名度和市场占有率，其中某些品牌在数码单反相机的生产研发上亦有很强的实力。

二线品牌包括奥林巴斯、宾得、理光、莱卡、适马、三星、卡西欧等品牌，其中前5个都是老牌传统影像器材制造商，但在数码相机崛起后，它们相对落后，三星、卡西欧则是从电子行业转入影像行业的。二线品牌基本上不掌握数码相机的核心技术。

当然，由于人们的摄影爱好，单反相机仍存在大量需求，可能短时间内，数码相机的市场还存在。但在这个变化日新月异的时代，唯有创新是不变的真理。

而最新的消息显示，这个市场已经暗潮涌动了。2018年的时候，曾有人猜测小米公司准备出手收购美国运动相机市场的"老大"——GoPro。彭博社报道称，GoPro首席执行官尼克·伍德曼表示，他愿意签署相关协议。消息传出后，GoPro的股价飙升近8.8%，根据GoPro公司的收盘价估算，其资本市值在7.6亿美元左右。

作为运动相机领域绝对的标志性企业，GoPro最高估值曾经达到130亿美元。近几年来，GoPro的股价从最高时期的100美元曾一度跌至5美元左右。

GoPro苦心经营多年的用户群体和其背后的海量数据，可能将为小米公司今后在物联网和智能家居领域的布局提供更大的帮助。智能硬件和物联网是小米公司未来除手机外最看重的业务。而为了实现更加完善的用户体验，小米公司必须为用户提供更多智能化的入口。

技术被颠覆本身不可怕，可怕的是思维上的守旧，创新者的机会是永远存在的。

❖ 思考 ❖

分析智能手机对数码相机的影响，假如你是创业者，该如何应对这种影响？

77 什么是物联网行业中的"独角兽"

▶ 关于"独角兽"的排行榜很多机构都发布过，无论是美国数据分析公司
发布的2017年全球最新企业估值名单，还是胡润研究院发布的2017胡润
大中华区"独角兽"指数，按照目前中国科技部发布的164家"独角兽"
榜单，看看物联网企业是否上榜，或者科技企业的分布趋势是怎样的。

1."独角兽"企业的标准是什么

首先，大家对于"独角兽"企业的标准有一个基本共识，就是估值要超过10
亿美元这个条件，折合人民币64亿元左右。

中国科技部认定的中国"独角兽"企业的标准是：

①在中国境内注册的，具有法人资格的企业；

②成立时间不超过十年；

③获得过私募投资，且尚未上市；

④符合条件①②③，且企业估值超过（含）10亿美元的称为"独角兽"；

⑤符合条件①②③，且企业估值超过（含）100亿美元的称为"超级独角兽"。

基础条件10亿美元估值是统一的看法。对一家初创公司来说，达到10亿美元

的估值无疑是具有里程碑意义的一步，然而这并不是未来成功的保证。

综合分析，当前"独角兽"的最大机遇是与"汽车（车联网）+物流+出行服务"相关的领域，看看所有的芯片"大佬"们在加强未来以车联网为核心的战略就很清楚了。

第二类就是大健康和"生物医疗+医疗服务"。

第三类就是"半导体+智能硬件+人工智能+大数据+云服务"。

很明显，当前正处于软互联网向硬互联网转化的阶段，未来的"独角兽"正从上述几大领域里破土而出。

2.成为独角兽需要具备哪些因素呢

随着商业环境和社会需求的变化，第一个趋势是企业凭借一个网站、一个App或者一个应用就能打天下的可能性不大了，巨头们基本上都已经把独木桥给封锁了。上述互联网公司基本上很难脱离BAT，因为这属于"流量经济"，单独的获客成本已经达到了120～200元。

第二个趋势是硬服务体系的确定。无论出行还是物流，没有足够的硬件是无法筑起壁垒的。一家成功的企业要在三大壁垒——上层政策壁垒、中层技术壁垒、下层资金壁垒中占据领先优势。现在又有了第四大壁垒——硬壁垒，也就是"物联经济"。

第三个趋势是以高新技术为核心的人工智能、大数据、云计算，包括智能硬件等，统称为智慧物联网或者智能物联网，可以把这些硬件服务统称为"硬服务"，它们是未来生活中的基础设施。

如同把阳光、空气、水作为生存的基本三要素一样，未来人类如果没有了计算能力、网络服务、智能载体，基本上就无法生活和工作了。特别是未来的电子货币，将会把现在基于微信和支付宝的"初期电子货币"变成真正的"电子货币"。这也是区块链的支付功能和金融、实体服务的真正结合。

❖ 思考 ❖

1.什么样的企业可以称为"独角兽"企业？

2.什么是"物联经济"？

78 什么是工业互联网

▶ 工业互联网的进程绝非坦途，适合什么，选择什么，都要根据自身情况而定，切不可掉以轻心。有信心，但不可盲目乐观，关键还是要找到符合自身条件的切入点！

1.工业互联网属于"+互联网"还是"互联网+"

工业互联网，可以从"+互联网"和"互联网+"两个角度来理解。例如，沃尔玛实现超市商品网上订购，互联网作为其中的辅助工具。这就是"+互联网"；而阿里巴巴搭建在线购物平台，互联网成为一个新的商业模式，这就是"互联网+"。只有后者才被称为互联网公司。

工业+互联网：基本上是在现有的产品设计、制造、销售、运行、维护业务中引入数据化、互联网、软件分析，尽可能优化过程，产生新的经济效益。中国很多工业互联网的项目属于这一类。

互联网+工业：一些"工业+互联网"项目发展到一定阶段，就会转而提供平台服务，比如帮助其他公司复制自己的业务能力，就有可能转变成"互联网+工业"。同理，通用电气在积累了多个行业的预测性维护分析能力后，开放Predix

（一个针对数字双胞胎进行优化的平台），帮助其他公司也具备这一能力，就变成了"互联网+工业服务"平台。

在Predix Cloud的发展过程中，由于平台优异的开放性，很多其他行业（如流程制造和服务）的客户也在利用Predix Cloud开发相关应用。Predix Cloud是整个Predix方案的核心，围绕着以工业数据为核心的思想，提供了丰富的工业数据采集、分析、建模以及工业应用开发的能力。毫不夸张地说，Predix Cloud是一个功能异常强大的平台，集成了工业大数据处理和分析、数字孪生快速建模、工业应用快速开发等各方面的能力，以及一系列可以快速实现集成的货架式微服务。

实际上，Predix远远不止是平台，它包括边缘、平台和应用三部分，其中应用是Predix的最终目的。

2.Predix是一个PaaS平台吗

按照PaaS标准，Predix提供了基于Cloud Foundry（业界第一个开源PaaS云平台）的开发框架，具备PaaS的能力。但是Predix最大的特点是将其在工业大数据的分析能力和PaaS的开发能力紧密结合在一起，通过微服务的理念，将数据分析和建模的结果，以微服务（微应用）的方式被基于PaaS开发的应用框架所集成。

Predix的核心是Cloud Foundry，由于Cloud Foundry本身的局限性，它只能提供应用构建和Runtime的能力，不过这很好地奠定了Predix"基于微服务开发微应用"的核心思想。机器是工业的核心，通用电气的"互联网+工业服务"模式成了全球工业互联网的领导者，今天我们已经全面启动了互联网工业化的进程。

2013年，通用电气将航空发动机领域的成功经验扩大到其他通用电气旗下的业务。2014年将各种设备管理方案整合成40余种预测性分析解决方案。这么多的应用在运行，这个项目就衍变成了一个工业服务物联网平台。

3.中国如何发展工业互联网

工业互联网的核心功能是"连接、监控、分析、预测、优化"，针对不同的行业建立分析模型至关重要。模型越多，平台价值越大。通用电气的前首席执行官伊梅尔特曾经说："这是一个巨大的转变。"通用电气曾经的目标是2020年成为全球十大软件公司。Predix开放是一个里程碑，在Predix平台上，数十万工程师开发出数百万的设备运维软件，连接数千万的设备，设备带来的庞大的工业数据，形成庞大的工业互联网生态圈。

工业互联网是通用电气等工业巨头多年前布局的结果。中国缺乏通用电气级别的工业巨头，所以完全按照通用电气、西门子等公司的路径很难实现赶超，必须结合自己的优势发展工业互联网。工业互联网的发展既是必然，也是必要的发展方向，认真研究通用电气的经验才能少走弯路。

❖ 思考 ❖

1.Predix是什么？

2.受通用电气的成功启发，怎样看待中国工业物联网的发展？

79 当前工业互联网平台发展情况如何

▶ 现在工业互联网平台还处于起步阶段，完全落地仍需要一个过程，工业互联网的核心是物联网和工业云平台相融合的产物。

2020年，中国工业互联网占整体物联网市场规模的22.5％，未来十五年中国工业互联网市场规模将超过11.3万亿元。巨大的市场前景吸引着各行业企业纷纷布局。

1.国内三大互联网势力

截至2018年，能提供工业互联网平台服务的国内外厂商已经超过150家，其中人们耳熟能详的工业互联网平台不少于30家。国内工业互联网做得较好的企业基本分为三大类：一是以航天科工、海尔等为代表的制造业翘楚；二是阿里巴巴、腾讯等互联网巨头；三是用友、浪潮等既有传统企业服务基础，又有互联网创新基因的IT企业。

以航天科工、海尔、美的等为代表的企业，由于本身就是制造企业，所打造的工业云平台更多的是从制造业的角度出发，因而在具体的生产制造环节拥有独特优势。但是，这些企业云计算技术能力薄弱，更多时候是从自身的制造需求出发，以自给自足为主。

阿里巴巴、腾讯等互联网企业更注重对工业互联网的部署，其主线是发挥在互联网、云计算上的沉淀和积累优势，将在消费云领域积攒下来的计算能力和经验与工业制造业的特点结合、赋能、共建。

而用友和浪潮都长期专注于企业市场，拥有庞大的客户基础。这类企业熟悉制造业应用场景，能够及时发现并解决制造业的问题和需求。同时企业通过个性化定制和工业互联网平台，构建开放的生态体系以推广经验，为制造企业提供基础设施、平台、应用服务等整体信息化服务。

2.当前工业互联网平台提供商的四类典型

第一类以和利时和航天云网为代表，用装备和自动化企业来集成数据，并将工业知识软件化利用。

第二类以海尔、美的等龙头企业为代表，汇聚产业资源，实现应用创新，同时对接用户形成个性化定制服务能力。

第三类以用友这类软件企业为代表，集成大数据实现智能分析服务，设计软件企业缩短研发周期，加快产品迭代升级等。

第四类以华为、浪潮、寄云科技等具备输出大数据、云计算或设备连接能力的信息通信技术企业为代表，由工业互联网向工业场景开展延伸服务。

3.工业互联网的核心是物联网和工业云平台相融合的产物

现在工业互联网平台还处于起步阶段，完全落地仍需要一个过程。而在政策与市场的双重驱动下，工业互联网平台正成为产业竞争的"风口"。工业互联网的发展既需要高新技术的支持，也需要众多工业厂商的协助，只有经得起实践检验的平台才能走得更远。

现在，工业互联网平台的发展仍处于探索阶段，大多在投入期，交易成本高，交易标准化、安全保障、用户信用体系等方面的探索尚未展开或正处于起步阶段。

❖ 思考 ❖

1.面对众多明星级企业的挑战，如何找到符合自身发展的定位和技术产品方案？

2.当下国内互联网企业如何分布？

80 如何摸准工业互联网的"脉搏"

▶ 工业互联网平台建设的过程，是一个企业战略逐渐清晰、平台功能持续迭代、应用服务不断丰富、产业生态日趋成熟的过程，需要循序渐进地去推进。

工业互联网平台是IT和OT深度融合的桥梁，将加快推动设备和流程从自动化走向智能化。要摸准工业互联网的"脉搏"，要明确以下几点。

1.发展工业互联网的目标是什么

第一是建设具有国际先进水平的工业互联网平台；第二是培育百万工业App；第三是实现百万企业上云。概括起来就是建平台、育软件、企业上云。而推进工业互联网平台应用，制造是关键环节，设备和流程上云是主战场。

2.如何理解"国际先进的工业互联网平台"

这是一个基于云的开放式工业操作系统。工业互联网平台本质上是一个工业知识标准化生产、模块化封装的自动化流水线，变革人类知识沉淀、传播、复用和价值创造范式，成为新工业革命的关键基础设施、工业全要素连接的枢纽和工业资源配置的核心。

工业互联网平台建设的过程，是一个企业战略逐渐清晰、平台功能持续迭代、应用服务不断丰富、产业生态日趋成熟的过程，需要循序渐进地去推进。建成领先的工业互联网平台，需要经历单点突破期、垂直深耕期、横向拓展期和生态构建期4个阶段。

当前，建设工业互联网平台的关键点主要有四大方面：工业信息安全、工业控制系统、高端工业软件、工业网络。在整个工业互联网发展中，这四大瓶颈亟须"政府输血+企业自我造血+产业补血"三管齐下，推动"建平台""用平台""测平台""补短板"协同发展。

3.企业上云与工业App有何区别

工业互联网平台与工业云有着本质上的区别，又有许多联系，工业互联网平台是传统工业云功能的叠加与迭代。

"硬件设备+核心业务系统+研发工具"上云的模式，在推动互联网经历信息交流与产品交易之后，正在进入能力交易的新阶段。

未来，"云计算+边缘计算"成为计算能力新组合，微服务架构成为知识经验封装的新模式，工业App成为新型软件形式。工业App层的核心是面对特定的工业场景，通过调用底层的微服务，推动工业技术、经验、知识和最佳实践的模型化、软件化与再封装。

工业互联网平台的四层架构日渐清晰，数据采集层、IaaS层、工业PaaS和工业App层共同构成了基于云的端到端制造业数字化、网络化、智能化整体解决方案。

4.工业云平台向工业互联网平台演进过程中有哪些变化

第一，上云的主体发生了变化。工业云平台强调开发工具软件、核心业务系统上云；工业互联网平台强调软硬件整体上云。

第二，上云的目的发生了变化。工业云平台的核心是节约硬件与软件成本；工业互联网平台的核心是提高工业知识生产、传播、复用效率，从成本控制导向到知识创造导向、生态导向转变。

第三，应用开发主体发生了变化。工业云平台以平台开发商或软件厂商开发为主；工业互联网平台强调海量第三方开发者参与开发。

第四，运行机制发生了变化。工业云平台更多的是一个单边市场；工业互联网平台是一个双边市场，强调海量、开放App应用与工业用户之间形成相互促进、双向迭代的生态体系。

总之，发展工业互联网任重而道远，需要加强政府、行业、企业的共同努力，是一项复杂、长期、渐近的工程。

❖ 思考 ❖

1.工业云平台向工业互联网平台演进主要体现在哪里？

2.作为工业企业，如何摸准工业互联网的"脉搏"？

81 什么是区块链技术

▶ 未来，区块链将不仅仅是一种技术，而是科技创新中不可忽视的重要思维，可以利用区块链去解决现有场景的信任问题。区块链作为数字化浪潮下一个阶段的核心技术，将会构建出多样化生态的价值互联网。

2018年以来，区块链市场热度持续升温，越来越多的行业及企业甚至大众开始关注区块链技术领域。而热情过后，人们开始反思：区块链技术是颠覆人类协作基础的重大创新，还是社会发展趋势的必然产物？

1.区块链技术的本质是什么

区块链本质上是多种技术的集成，旨在建立互联网世界中一个可信任的分布式数据库，以解决中心化体系的诸多弊端。区块链作为比特币背后的技术架构，是随着比特币的出现而诞生的。

具体来说，区块链包括四大核心技术：第一，利用块链式数据结构验证与存储数据；第二，利用分布式节点共识算法生成和更新数据；第三，利用密码学的方式保证数据传输和访问的安全；第四，利用由自动化脚本代码组成的智能合约来编程和操作数据，形成一种全新的分布式基础架构与计算范式。

总的来说，区块链技术是一种去中心化、去信任的集体维护数据库的技术，能够解决中心化体系存在的高成本、低效率、数据存储不安全等问题。

2.区块链技术的未来如何

根据相关公司的分析，目前区块链技术正处于"期望膨胀期"，距离全面应用还有很多的技术、体制、政策问题需要解决。

区块链技术可应用在金融、防伪存证、知识产权、电子商务、医疗、安全、社交、供应链、能源、物联网、房地产、公共管理等领域，可以解决民宿共享中存在的评价不可信、信息不对称问题，还可以提高交易的便捷性，但存在用户担心数据泄露等制约。

展望未来，区块链技术的价值巨大，有望深刻影响每个人的生活。

首先，区块链是一种可传输所有权的协议，将会和TCP/IP协议（传输信息）一样，成为未来互联网的基础协议之一；其次，未来区块链将不仅仅是一种技术，而是科技创新中不可忽视的重要思维，可以利用区块链去解决现有场景的信任问题；此外，区块链作为数字化浪潮下一个阶段的核心技术，将会构建出多样化生态的价值互联网。

3.区块链技术可运用于哪些领域

对于存在信任、效率等问题的中心化体系，区块链技术具有广阔的应用前景。例如，民宿共享领域利用区块链技术解决住户和租户信任问题及交易效率问题，教育领域利用区块链技术解决学籍及学历信息篡改问题，银行领域利用区块链技术实现银行间无须通过代理行而直接结算和转账，证券和房地产领域利用区块链技术实现证券和房产交易去中介等。

❖ 思考 ❖

1.区块链的技术本质是什么？

2.区块链的未来如何？怎样抓住区块链技术颠覆性的机遇？

82 ZigBee PRO技术会卷土重来占领物联网吗

▶ ZigBee是物联网的基础和未来，为变革生活、工作和娱乐方式的产品创建和进化提供通用开放标准，以及全面的开放式物联网解决方案。

1.ZigBee技术是什么

ZigBee技术是一种应用于短距离范围内低传输速率下的各种电子设备之间的无线通信技术。其名称源于蜂群使用的赖以生存和发展的通信方式——蜜蜂通过跳八字形状的舞蹈将发现的新食物源的位置、距离和方向等信息通知其他蜜蜂，以此作为新一代无线通信技术的名称。

ZigBee是一组基于IEEE批准通过的 802.15.4无线标准研制开发的组网、安全和应用软件方面的技术标准。与其他无线标准（如802.11或802.16）不同，ZigBee和802.15.4以250千比特每秒的最大传输速率承载有限的数据流量。

2017年，ZigBee PRO发布，这是旨在实现智能设备之间互通和互操作的旗舰级网状网络技术的最新版本。ZigBee是物联网的基础和未来，为变革生活、工作和娱乐方式的产品创建和进化提供通用开放标准，以及全面的开放式物联网解决方案。

对于通信连接频频受到钢筋混凝土和钢筋螺栓滋扰的建筑物、商业园区、大型设施和城市而言，ZigBee是构建大型物联网网络的理想无线解决方案，在智能家居、智能建筑和智能城市领域部署的潜力巨大。

2.ZigBee和Wi-Fi的关系与异同

目前广泛应用于近距离室内外的无线通信技术是Wi-Fi。ZigBee和Wi-Fi之间的关系如何呢？

相同点：第一，二者都是短距离的无线通信技术；第二，都使用2.4吉赫频段；第三，都采用展频技术。

不同点：第一，硬件内存需求不同。ZigBee为32～64千字节+，Wi-Fi为1兆字节+，ZigBee硬件需求低；第二，电池供电上电可持续时间不同。ZigBee为100～1000天，Wi-Fi为1～5天，ZigBee功耗低；第三，传输距离不同（一般用法，无大功率天线发射装置）。ZigBee为1～1000米，Wi-Fi为1～100米，ZigBee传输距离长；第四，网络带宽不同。ZigBee为20～250千字节/秒，Wi-Fi为11000千字节/秒，ZigBee带宽低，传输慢。

此外，两者适用于不同的应用场合：ZigBee适用于低速率、低功耗场合，也就是工业控制、环境监测、智能家居控制等领域，比如无线传感器网络；而Wi-Fi一般是用于覆盖一定范围内（如一栋楼）的无线网络技术（覆盖范围100米左右），表现形式就是无线路由器。

ZigBee作为一种新兴技术，自2004年发布第一个版本以来，正处在高速发展和推广中（目前因为成本、可靠性方面的原因，还没有大规模推广）；Wi-Fi技术较为成熟，有很多应用。目前，ZigBee技术能够同时支持两个ISM频段的网状网络，一是满足地区要求的Sub-GHz（指小于1吉赫的频段）800～900兆赫频段，二是满足全球通用的2.4吉赫频段。

双频段选项可为希望在不同建筑物、城市和住宅内的产品实现互联的制造商、市政当局以及消费者提供更大的灵活性和更多的设计选择。产品厂家可以利用ZigBee PRO构建单一网络的设备以支持多个频段，应对周围物理环境的挑战。融合Sub-GHz功能后，物联网网络能满足多种用途的需求，包括智能户外照明、零售场地和数据中心等设施对大量环境条件的监测，以及应对恶劣环境等。

3.物联网互操作性的重要里程碑

2019年1月4日，ZigBee联盟和Thread集团共同发布了Dotdot（应用层协议）1.0标准和相关认证程序，标志着达成物联网互操作性的重要里程碑。

智能产品开发者可以首次放心地在低功耗IP网络上应用成熟、开放且可认证的互操作性语言，以减少产品开发风险和障碍，赋能新应用程序，并通过逆转物联网的碎片化趋势提升消费者体验。

当下的智能设备使用不同的应用层，很难提供更好的体验。ZigBee通过整合并提供开放、通用的应用层很好地解决了这个问题。该应用层能够连接来自许多不同供应商的产品，已为众多知名的智能家居产品所支持。Dotdot采用这一通用设备语言，使其能够在低功耗IP网络上运行——将这种经过验证的方法扩展到那些能够受益于IP连接的应用中。

借助相关程序，智能家居供应商既可以通过可靠的用户体验来推动增长，又能通过IP网络保持与其设备的直接连接和维护客户关系。物联网的物连接多种多样，根据场景和需求的不同，对应各种无线连接方式。ZigBee技术未来能否占领更大的市场，还需要市场的检验。作为物联网传输层最早出现的以低功耗、大连接为主的ZigBee技术，目前有明确的市场需求，也是传感器和智能家居产品的重要连接方式。

随着新需求的变化和新技术的不断出现，ZigBee技术本身也在不断提升，推出新的标准版本，势必成为物联网传输层的重要组成部分。

❖ 思考 ❖

1.ZigBee技术是什么？

2.ZigBee技术对于物联网有何意义？未来发展如何？

83 日本从精益管理到互联工业带来的启示是什么

▶ 日本制造的基础无疑是精益制造，而目前全球制造业处于一个非连续创新的阶段，日本经产省也明确"互联工业"将是日本制造的未来。对此，中国制造业应该借鉴日本制造的经验，一分为二地对待其"互联工业"理论。

我曾多次参观日本在中国的合资工厂，可以说日本制造的基础无疑是精益制造，很多中国的制造企业也都学于此。由于中日两国的制造业有着类似的状况，日本制造的发展变革史就显得尤其有价值。

1.精益管理与"强化现场力"

只有在生产现场有竞争力，才可以在同质化的产品市场杀出一条血路。

日本经产省提出了"强化现场力"的措施和方法，利用数字化工具、人才培养和工作方式变革等手段成为日本制造现场力复兴的秘诀。制造现场的效率一直被认为是日本制造的特点，而日本制造企业一直坚持的现场管理，可谓日本在过去的三十年中股价仍然稳中有涨的秘诀。

2. "互联工业"与智能制造系统

1989年日本提出了智能制造系统（IMS）计划。同时，以日本机械学会为首，在早期提出产业结构优化思路，即工业价值链计划。

目前，日本制造业领域的专家大都处在20世纪90年代智能制造系统的思想下，难以实现颠覆性创新。日本制造科学研究中心和日本IMS中心撰写的《日本IMS国际合作研究计划》总结报告显示，2017年日本还尝试开发一个基于信息物理系统的智能制造系统。

此外，早期日本机械学会提出了工业价值链计划，被默认为日本制造的战略。但在2018年，日本经产省否定工业价值链计划是日本战略的提法，而强调"互联工业"的重要性，并明确"互联工业"才是日本制造的未来。

3.《日本制造业白皮书》

目前全球制造业处于一个非连续创新的阶段，这促使日本经产省思考一个真正可以代表日本制造未来的概念。

在2018年版的《日本制造业白皮书》中，日本对全球制造业的发展做出了不同的选择，他们认为那是一次"非连续创新"的判定。按照日本专家的理解，目前日本纯粹的自动化产品竞争非常激烈，难以形成高的附加值，因此，日本制造业希望将自动化与数字化融合，获得更高的附加值。

为了进一步提高日本制造业的劳动生产率，仅仅追求通过机器人、信息技术、物联网等技术的灵活应用和工作方式变革达到业务的效率提升和优化显然不够，更重要的是通过灵活运用数字技术从而获得新的附加价值。

在《日本制造业白皮书》报告的总论中，集中阐述一个观点——日本制造业已经处于一个"非连续创新"的时期。文章将这个时期称为"第四次工业革命"。

日本以全面质量管理为代表的"持续改进"闻名于世，但这种优势已经被"非连续创新"削弱，而且有可能给日本制造带来万劫不复的后果。

总之，通过对日本制造业发展思路的研究分析，可以发现很多值得借鉴之处。而就制造业本身的科技能力而言，必须承认在高端领域的差距。

对于中国制造而言，更应该吸取日本制造在IMS上的失败经验，同时也要对"互联工业"进行辨析探讨。

今天中国将工业互联网作为中国智造的未来发展方向，与日本的"互联工业"有很多异曲同工之妙。而"互联工业"作为日本制造的未来，是需要中国产业界持续关注、研究和学习的。

❖ 思考 ❖

1.日本制造的发展思路是怎样的？

2.中国制造未来应该如何发展？

84 欧盟发展智慧农业的三大启示是什么

▶ 农产品需求增加与环保要求提高促使政策制定者去寻找一种低投入高产
出的创新模式。而互联网时代下的智慧农业，无疑是一个很好的解决方
法。探讨欧盟的智慧农业发展，也许能为我国提供一些可借鉴的经验和
启示。

启示一：联合发展力量大

欧盟委员会发布了"农业生产力与可持续的欧洲创新伙伴关系"计划，其根
本目的是创建"2020地平线"计划与"农村发展支持"计划之间的联系，同时将
理论与实践相结合。

在该计划中，各方参与者致力于建立一个"运营组织团体"，寻求创新方法
解决地区性难题，特别是区域发展不平衡的问题。

启示二：用科技创新带动，智慧农业大有可为

"数字革命""数字化或精细农业"概念在2021—2027年的共同农业政策讨论
中成为焦点。欧洲农业机械工业协会提出，充足的宽带基础设施是欧盟农业领域
向数字化演变的先决条件。所以说，无论是互联网还是物联网，"兴农"的前提

都是"建网"。

这与中国类似，因为智慧农业也需要网络资源支持，比如施行大田农业的系统方案，前提就是这些设备需要网络支持。

欧洲农业机械工业协会秘书长认为，宽带访问在欧盟许多农村和人口稀少的地区严重滞后，必须着力避免城乡间的"数字化割裂"，要尽力实现在2020年让农业企业和作坊拥有30兆字节/秒连接带宽的目标。

启示三：科技创新与人口老龄化矛盾日益突出

欧盟认为，农业领域与农村地区的数字化进程演变首先需要数字化技术。

农村地区的数字化演变以"精细农业"为主要特点。精细农业以优化投入管理为基础，包括利用卫星定位系统（如GPS）和互联网管理作物以减少化学肥料的使用等。同时，精细农业可以有效使用化肥与农药，在增产的同时又可以保护土壤和地下水，增产和减少能源损耗就可以同时实现。

此外，通过使用物联网传感器，农民可以定向使用化学肥料对具体区域施肥，从而减少了化学肥料的使用，同时又保护了环境。

随着农民的老龄化（欧盟中约8%的农民年龄在35岁以下），新技术的引进会导致农业行业的"脱轨"。基于此，农业领域的工作应更富有吸引力，才能为农村地区引进人才。同时利用公共政策来支持农民进入和投资数字技术领域，可以做出判断，2020年后的共同农业政策会起到重要作用。

为此，欧洲农业机械工业协会建议欧盟的政策制定者应提供更多的直接拨款和农村发展支持计划以促进新技术的实现。欧盟委员会的通信网络内容和技术总司和农业农村部目前正着眼于实现农业的数字化的物联网创新联盟计划。由此欧盟农业部门可以在资金和基础设施等方面实现数字化飞跃。

总之，从欧盟农业发展来看，智慧农业确实还有很远的路要走。智慧农业不完全是技术问题，还与国家产业政策、资金支持、人才问题等因素息息相关。

❖ 思考 ❖

1.从欧盟的智慧农业计划中可以得到哪些启示？

2.有哪些关于智慧农业的解决方案？

85　全屋智能是智能家居的新出路吗

▶　"全屋智能"一度成为智能家居的年度热词,特指针对地产项目级的全宅智能家居解决方案。而作为最贴近百姓生活的基础场景,物联网技术的发展也离不开智能家居。

对于互联网企业来说,物联网即服务,大数据即价值。物联网技术的发展离不开智能家居,因为这是最贴近老百姓的基础场景。

"全屋智能"是围绕家居环境的衍生物——住宅是智能设备的载体,地产又是住宅的载体,特指针对地产项目级的全宅智能家居解决方案。随着智慧地产需求的爆发和精装全装市场的推进,全屋智能已经开始落地海量项目并获得业内外高度关注。

1.资源大整合:互联网巨头布局智能家居

第一,阿里巴巴、百度搭建IaaS、PaaS平台。

第二,中间解决方案商(如雅观、涂鸦)搭建SaaS平台。

第三,三大运营商搭建互联平台。

第四，移动手机商（如小米公司、华为、vivo）搭建生态链平台等。

显然，各方都在通过平台能力吸附周边的第三方硬件，构筑生态壁垒。实际上，不论是通过核心级的交互硬件吸附组建硬件生态链大军，还是通过通信端吸附第三方设备，抑或是通过电商渠道或AI附能构建生态壁垒，都是对智能家居产业链的资源大整合。

智能家居的海量企业正在借助平台的力量打破互联网壁垒，虽然目前生态构筑环节相比之前有一定的进步，实现了更多的设备互联、场景构筑与体验提升，但是目前这种壁垒的突破依然是局部性的。未来将是平台之间的共赢合作，构筑智能家居互联互通的真正时代。

2.从过去到未来：智能家居产业的新思考

第一，智能家居的"明星"单品。

2018年智能音箱突破了千万级大关，全球市场规模总量接近8000万。在国内，仅阿里巴巴、百度、小米公司等几家的销量就近千万台。同时，智能音箱的价格已经达到亲民效果，从99元到199元，高的也仅为499元，这样的价格在大家能够接受的范围之内。

未来的智能音箱市场有可能继续领跑。在单品功能逐渐完善后，用户的需求与数量激增，将会反哺系统级的全宅市场。这或许会激发智能全宅领域的全面发展。

同时，智能锁的国内市场规模也达到了千万级水平。当下，智能锁将进入"千元"时代，在更加亲民、满足不同人群的诉求点的同时，也让智能家居真正发挥其作用。

第二，智能系统套装。

智能家居时代，智能系统套装的价值凸现出来，围绕单品进行组合成了常规手法。可以说，智能套装化是家居行业的一大法宝。

七大类智能套装产品有：一是基于语音的小套装；二是基于苹果公司发布的智能家居平台的小套装；三是基于传感的小套装；四是基于音频的套装；五是基于面板的套装；六是基于安防的套装；七是基于门锁的套装。

套装销售的本质就是小场景连接，可以通过微小的系统将有效的痛点场景连接。而各种套装打包也都在试探零售终端，智能家居必将全面终端化，智能套装的尝试也是产品形态成熟的表现。

第三，智能产品的价值超越。

智能产品成为传递价值的载体，超越价格本身。越是核心级交互的产品，其承载的价值与数据就越多。

在家庭范畴内，极其高频的交互级硬件原本寄托在智能音箱上，现在则是附带屏智能音箱。当智能音箱配上屏幕后，用户用语音控制设备，界面随之有反馈，体验将会更加人性化。

而随着手机屏幕过剩，屏幕的成本下降，屏幕式场景面板、屏幕式音箱等设备的性价比提升，大量带有屏幕的智能家居设备将会诞生。对于互联网企业来说，新的交互产品的价值超越了产品硬件本身，将成为新时代价值与数据的载体，IoT时代的巨头企业一定是大数据公司。

总之，智能家居正在进化到智慧生活，人们会接触和使用更多的智能家居，智能家居客户端市场的高地争夺战才刚刚开始。

❖ 思考 ❖

1.智能家居产业有哪几类，体现出何种趋势？

2.如何理解"全屋智能"对于智能家居未来发展的意义？

86 物联网操作系统的发展前景如何

▶ 物联网操作系统的前景如何？会不会出现移动互联网时代的争霸局面？

与传统的个人计算机或个人智能终端（如智能手机、平板电脑等）上的操作系统不同，物联网操作系统有其独有的特征。这些特征能够与物联网的其他层次结合得更加紧密，使得数据共享更加顺畅，大大提升了物联网的生产效率。

1.物联网操作系统的作用是什么

物联网除具备传统操作系统的设备资源管理功能外，还具备下列功能。

第一，屏蔽物联网碎片化的特征，提供统一的编程接口。

碎片化指的是硬件设备配置多种多样，不同的应用领域差异很大。

传统的操作系统无法适应这种"广谱"的硬件环境，如果采用多个操作系统，比如低端配置设备采用嵌入式操作系统；高端配置设备采用Linux等通用操作系统，由于架构上的差异，无法提供统一的编程接口和编程环境。

第二，碎片化牵制了物联网的发展和壮大。

物联网操作系统充分考虑了碎片化的硬件需求，通过合理的架构设计，使得操作系统本身具备很强的伸缩性，很容易应用到硬件上来。

第三，通过统一的抽象和建模，对不同的底层硬件和功能部件进行抽象。抽象出一个个的"通用模型"，对上层提供统一的编程接口，屏蔽物理硬件的差异。

这样达到的效果是，同一个App可以运行在多种不同的硬件平台上，只要这些硬件平台运行物联网操作系统即可。这与智能手机的效果是一样的。同一款App，比如微信，既可以运行在一个厂商的低端智能手机上，又可以运行在硬件配置完全不同的另一个厂商的高端手机上，只要这些手机都安装了安卓操作系统即可。显然，独立于硬件的能力是支撑物联网良好生态环境形成的基础。

2.如何培育物联网生态环境

拉动物联网产业的上下游，培育物联网硬件开发、物联网系统软件开发、物联网应用软件开发、物联网业务运营、网络运营、物联网数据挖掘等分离的商业生态环境，为物联网的大发展建立基础是我们当前的重大任务。

此外，还要重视类似智能终端操作系统对移动互联网的生态环境培育作用。

3.如何降低物联网应用开发的成本和时间

物联网操作系统是一个公共的业务开发平台，具备丰富完备的物联网基础功能组件和应用开发环境，可大大降低物联网应用的开发时间和开发成本。

第一，提升数据共享能力。统一的物联网操作系统具备一致的数据存储和数据访问方式，为不同行业之间的数据共享提供了可能。

第二，打破行业壁垒，增强不同行业之间的数据共享能力，甚至可以提供"行业服务之上"的服务，比如数据挖掘等，为物联网统一管理奠定基础。

第三，采用统一的远程控制和远程管理接口。即使行业应用不同，也可采用相同的管理软件对物联网进行统一管理，提升物联网的可管理性和可维护性。

4.物联网操作系统的重要性有哪些

物联网操作系统是行业应用得以苗壮生长和长期有效生存的基础，只有具备了强大灵活的物联网操作系统，物联网这棵大树才能结出丰硕的果实。

操作系统是物联网中一个十分关键的环节。各种操作系统可以支持不同的硬件、通信标准、应用场景。开源有利于打破技术障碍和壁垒，提高互操作性和可移植性，减小开发成本，同时也适合开源社区的开发人员参与进来。开源更助推了物联网的开放和发展。目前，开源操作系统在物联网中的应用已经十分广泛，以后也必将在物联网中扮演越来越重要的角色。

手机市场呈现出安卓和苹果系统两家独大的局面，而在物联网体系中，操作系统呈现出多样性的特点，并不是一两种操作系统就可以支持所有的物联网设备。

当然，随着物联网的快速发展，物联网操作系统必将进一步发展，那时候也可能出现"一家独大"的局面。

❖ 思考 ❖

物联网操作系统的发展前景如何？

附：十大物联网开源操作系统

（注：微软的Windows 10和苹果公司的iOS，虽然也很强大，但因为是闭源，不在本文介绍之列）

1.Android Things

Android Things是谷歌推出的物联网操作系统，是Brillo操作系统的更新版本，作为安卓系统的一个分支版本，类似于可穿戴设备和智能手表用的操作系统。

Android Things使用一种名为Weave的通信协议，实现设备与云端相连，并且与谷歌助手等服务交互。Android Things 面向所有Java开发者，不管开发者有没有移动开发经验。该操作系统支持一系列物联网设备的计算平台，包括英特尔Edison平台、NXP公司的Pico平台，以及树莓派3。

2.Contiki

Contiki是一个开源的、容易移植的多任务操作系统，适用于内存受限的网络任务。Contiki项目的作者是瑞典计算机科学研究所的网络嵌入式系统小组的亚当·邓克尔斯博士。

该系统只需要几千字节或者几百字节的内存，就能提供多任务操作系统环境和TCP/IP支持。它已经移植并成功运行于嵌入式微控制器平台以及电脑、游戏机等平台。它支持的协议有全标准IPv6和IPv4，以及低功耗网络标准6lowpan、RPL、CoAP。

3.eLinux

eLinux即嵌入式Linux操作系统。该操作系统基于Linux内核，是Linux对于嵌入式系统的裁剪版，支持该操作系统的厂家、芯片和产品比较广泛。该操作系统的维基主页提供了开发、硬件、产品、厂家、社区等一系列相关信息。

4.FreeRTOS

FreeRTOS是一个迷你实时操作系统内核，功能包括任务管理、时间管理、信号量、消息队列、内存管理、记录功能、软件定时器、协程等，可基本满足较小系统的需要。

FreeRTOS操作系统是完全开源的操作系统，具有源码公开、可移植、可裁减、调度策略灵活的特点。

目前，该操作系统已经在数百万设备上部署，号称"市场上领先的嵌入式实时操作系统"，能够为微控制器和微处理器提供很好的解决方案。

5.mbed OS

mbed OS操作系统由ARM开发，专门为运行ARM处理器的物联网设备而设计。它包含了C++应用程序网络，公司也提供其他开发工具和相关的设备服务器。

默认情况下，mbed OS操作系统是事件驱动的单线程架构，而非多线程（实时操作系统）环境。这确保它可以扩展为尺寸最小、成本最低且功耗最低的物联网设备。

ARM在移动设备端有着强大的市场占有率，所以这款操作系统的实力和前景不可小觑。

6.Raspbian

Raspbian是一款基于通用操作系统，为树莓派硬件设计的操作系统。该操作系统包括一系列的基础程序和工具，保证树莓派硬件的运行。

7.RIOT

RIOT，自称为"友好的物联网操作系统"，致力于开发者友好、资源友好、物联网友好，关键的功能包括C/C++支持、多线程、能量效率、部分遵守POSIX，等等。

RIOT开源社区于2008年启动。RIOT能够在众多平台上运行包括嵌入式设备、PC、传感器等。

8.Ubuntu Core

Ubuntu是目前最流行的Linux版本，而Ubuntu Core旨在将Ubuntu带向物联网世界。它可以运行微软基于云计算的操作系统、谷歌计算引擎、A面、亚马逊弹性云计算服务，也可以在树莓派等硬件上运行。

9.Huawei LiteOS

Huawei LiteOS是华为面向IoT领域构建的"统一物联网操作系统和中间件软件平台"，具有轻量级、低功耗、互联互通、安全等关键能力。Huawei LiteOS目前主要应用于智能家居、穿戴式、车联网、智能抄表、工业互联网等IoT领域的智能硬件上，还可以和LiteOS生态圈内的硬件互联互通，提高用户体验。

LiteOS操作系统具有能耗低、尺寸小、响应快等特点，也建立了开源社区，能够支持的芯片包括海思的PLC芯片HCT3911、媒体芯片3798M/C、IP Camera芯片Hi3516A，以及LTE-M芯片等。

10.Tizen

Tizen是Linux基金会和LiMo基金会（专注于移动行业的联盟）联合英特尔和三星电子，共同开发的开源操作系统。它可以满足物联网设备生态系统（包括设备制造商、手机运营商、应用开发者、独立软件服务提供商）的需求，应用于手机、电视、穿戴等多个产品上。

87 为什么说虚拟现实技术将迎来春天

▶ 如今，5G已经成为街头巷尾热议的话题。5G的高速度和高带宽，让信息的三维呈现成为可能，使得虚拟现实技术迎来春天！

在1G时代，只能听声音；2G时代，可以看短信、彩信和简单上网；3G时代，可以无障碍地看图片，基本上可以体验到大部分的网络功能；4G时代，可以做直播和看视频。

但现在从手机上通过4G看到的信息，哪怕是视频，本质上还是在二维平面上呈现的。而5G的高速度和高带宽，让信息的三维呈现成为可能。

HTC是3G时代开始的手机大厂，甚至一度逼近三星和苹果。当年HTC抓住风口背水一战，基本放弃了手机业务，大举布局VR产业。但是Vive（HTC开发的一款虚拟现实头戴式显示器）经过近几年的发展却步入了危局，在市场占有率上甚至被Oculus Rift（一款为电子游戏设计的头戴式显示器）超过。

究其原因，一定程度上是因为HTC Vive的价位过高，设备的配置也没有明显超出对手，并且相对的应用数量也没有跟上，导致产品的性价比并不是很突出。

不过近年来，HTC已经针对不同的用户层推出了更有针对性的产品，相应的设备硬件也都有所提升，也可以给不同层面的用户带来不错的体验。

所以，进入行业的时机非常重要，虚拟现实技术就是典型。

传感眼镜：带上"一双眼睛"

在刘慈欣的小说《带上她的眼睛》中，主人公休假去旅游，上级要求他带上"一双眼睛"。

所谓"眼睛"就是一副传感眼镜，当你戴上它时，你所看到的一切图像由超高频信息波发射出去，可以被远方的另一个戴同样传感眼镜的人接收到。他能看到你所看到的一切，就像你带着他的眼睛一样。

眼睛的那头，是由于失事、永远被困在地心的她——落日六号领航员。主人公带上她的"眼睛"，和她一起游览了地面上的高山、草原、森林。让被困在地心的她，也能领略到花草、阳光、溪流、微风、细雨、鸟鸣等事物的美好。

这本科幻小说描述的场景，离我们已经很近。5G的来临，让这样的场景能真正实现，人们才能找到属于自己的幸福。

在现实中，可以通过VR（虚拟现实）眼镜、头盔或其他传感器，做到人在家中，却能现场体验千里之外的旅游景点、演唱会、博物馆。

现在的照片或视频体验中，我们只是一个旁观者，但沉浸式体验能让我们"置身"于现场，也就是说，5G让"看到"现场变成"在"现场。

AR设备：真实世界和虚拟世界的无缝对接

在斯皮尔伯格的电影《头号玩家》中，2045年，人类主要生活在虚拟的世界里。现实可能不会那么夸张，但是影片中的一些场景是最近就可以实现的。

当年曾因发布的一段虚拟现实特效短片引起过巨大争议的Magic Leap公司，之后又发布了第一款面向开发者的AR设备Magic Leap ONE，售价高达2295美元。不过相对于当年所引发的巨大质疑，对Magic Leap来说这已经是迈出了巨大的一步。

根据海外媒体亲自测试的结果，这款设备的体验度相当完美，因为其使用的显示镜片采用了非常先进的光场技术，并且和神经科学技术结合，使得人脑不单单是被动接受图像，而且也会参与到影像构建之中。

随着5G的大规模商用，这款设备能够真正将真实世界和虚拟世界无缝对接起来。这些明显的技术进步，将很快通过各种应用呈现在终端用户面前。

随着5G的高速发展，各种各样的虚拟现实技术开始进入蓬勃发展的阶段。而相对于较高端的教育、医疗、工程等方面的应用，各种虚拟现实技术在娱乐方面的应用最受普通大众期待，也最容易通过商业化推进虚拟现实技术的进一步发展。

将虚拟现实技术作为下一代娱乐方式的承载平台，无疑是当前的主流技术路线。虽然经过几年的发展，虚拟技术还没有完全得到市场的认可，但现有的产品和技术储备已经给我们带来了可以一窥未来的可能。

❖ 思考 ❖
5G时代，虚拟现实技术怎样迎来春天？

88 工业4.0的发展历程带给我们哪些启示

▶ 工业领域正在全球范围内发挥越来越重要的作用，是推动科技创新、经济增长和社会稳定的重要力量。从中国智造2025计划、德国提出的工业4.0，到以西门子为代表的德国工业4.0超越了以GE为代表的工业互联网，今天的工业互联网依然在不断的探索中向前发展。

1.工业4.0的发展历程

2011年，德国在科学–产业经济研究联盟的倡导下，开始了工业4.0的研究。

2012年3月，《德国2020高技术战略》行动计划发布，由11个"未来项目"缩减为10个（投资84亿欧元），"工业4.0"一词首次出现（投资2亿欧元）。随后，工业4.0发展战略由德国科学–产业经济研究联盟与德国国家科学与工程院共同制定。

2013年4月，工业4.0发展战略发布，并着手组建工业4.0平台。次年4月，工业4.0平台发布白皮书（实施计划）。

工业4.0是从嵌入式系统向信息物理融合系统发展的技术进化。作为未来第四次工业革命的代表，工业4.0不断向实现物体、数据及服务等无缝连接的互联网（物联网、数据网和服务互联网）的方向发展。同时，分散型智能利用代表了生产制造过程中虚拟世界与现实世界之间的交互关系，在构建智能物体网络中发挥着重要作用。

工业4.0体现了生产模式从集中型到分散型的范式转变，正是因为有了让传统生产过程理论发生颠覆的技术进步，这一切才成为可能。未来，工业生产机械不再只是"加工"产品，取而代之的是产品通过通信向机械传达如何采取正确操作。

目前，西门子的软实力已经涵盖设计、分析、制造、数据管理、机器人自动化、检测、逆向工程、云计算机和大数据等领域，全面发掘包括制造业在内的数字化发展潜力。利用软件和模拟仿真，数字化工厂极大地提高了产品开发的速度及效率。数据的服务、软件与IT解决方案至关重要，对于西门子未来全面发展业务有着深远的影响。工业数字化领域涉及产品多而分散，必须依靠并购、组织架构、多方合作进行整合。西门子的工业4.0图谱已经绘制出了一条清晰的运作路径，值得我国的自动化和信息化公司参考。

新工业时代，美国推出"制造业回归"战略（由奥巴马政府于2009年提出），德国推出工业4.0战略。美、德两国作为制造业大国，在先进制造业方面拥有绝对优势，两国都在制造业上发力，以期抢占制造业变革的主导权。

2.转型升级工业4.0：思维需要改变

第一是制造业思维的改变。

当前大多数工厂是部门制，设计部门、采购部门、生产部门都采用垂直的部门分工管理，这种垂直的部门分工管理的组织架构一直延续到现在。当然，这一组织架构有其弊端，就是资源无法百分之百地调动起来，生产周期很长，效率很低。

而随着工业4.0时代的到来，未来市场上需要个性化、定制化的产品。未来的企业要通过"互联网+工业"的模式，以用户为中心，根据客户需求制造生产。

西门子更关注在制造行业中研发出垂直的定制软件，其重点仍是针对垂直行业定制软件，如医疗保健和制造业，而非打造适合所有行业的横向平台。不过，近几年西门子已开始更积极地营销自己的数据平台MindSphere。西门子还通过新成立的物联网集成服务业务部门，拓展其物联网平台产品，为客户的数字化转型提供全面支持。预计到2025年之前，物联网集成服务市场的年增长率将达到10%～15%。

第二是对传统生产模式的改变。

传统的生产模式就是OEM（原始设备制造商）的方式，比如，大的汽车企业找一些中小企业生产零配件，这样可以化解投资压力，降低管理难度，减少风险。

2000年信息化系统在制造业领域得到了更多的应用，把更多的环节分包出去，进一步化解了投资压力和管理压力。工业4.0不是OEM的生产模式，而是开放的价值链，所有的环节都是通过网络整合资源，比如苹果公司，无论生产手机还是平板电脑，没有一个零配件是自己生产的，都是找合作企业，但是获得的利润却是最高的。

工业4.0时代的生产制造模式，投入人力物力最少而获得的利润最多。传统的制造业要向工业4.0这种开放制造、开放价值链上贴近。

第三是创新模式的改变。

以前的模式是政府主导各种创新、投入很多资本，但政府主导有局限性，很多技术有不确定性。

工业4.0明确提出了新的创新模式、政府的共性技术，以此搭建行业平台。与之前的工业革命不同，这次是以指数而非线性的速度发展。它不仅改变着我们"要做什么"和"怎么做"，也在改变着"我们是谁"。

世界经济论坛创始人克劳斯·施瓦布在其著作《第四次工业革命——转型的力量》中写道："工业4.0带动的智能制造风潮已经席卷全球，世界主要国家纷纷加大制造业回流力度，提升制造业在国民经济中的战略地位。很明显，这是一场技术变革的竞速赛，在政策和市场的双重推动下，全球各大厂商纷纷大力发展智能制造技术，加速其落地。第四次工业革命会带来更多智能产品，改变我们的生活，丰富我们的生活。"

工业领域正在全球范围内发挥越来越重要的作用，是推动科技创新、经济增长和社会稳定的重要力量。

2018年是工业互联网的元年，但爆发期还没有到来。工业互联网的未来趋势，可能是从某一个细分领域或者细分场景先引爆，通过横向和纵向传导，达到势如破竹的发展态势。

企业应围绕细分领域和具体场景做专业服务项目，通过项目做知识积累，先打造小平台，再由小平台到大平台，最终建立数字化世界。

❖ 思考 ❖

1.工业4.0的发展历程带给你什么启示？

2.企业转型升级发展工业4.0应该改变哪些思维模式？

89　如何在大健康管理平台寻找机会

▶　健康问题是每个人都关心的问题，因此大健康管理平台大有商机。

1.建立大健康管理平台的原因

最近，我的一位朋友在琢磨怎么能更好地让家里80岁的老母亲与自己进行交流，于是他开始做一个叫"随时亲"的健康养老平台。

应该说这条路是非常艰难的。过去三年里，我去过很多地方，从南到北，从国内到国外，各地政府、社区管理者、社区的公益组织，还有大量的志愿服务人员，大家都在想办法破解居家养老的问题。

（1）中关村科技助老健康管理平台

中关村有些科技方面的优势，五年前就试图破解这个难题。

我的团队在"随时亲"的平台基础上，联合了医疗健康领域的近200家企业，组建了"中关村大健康专委会"，然后从中选择了20家企业的产品和服务，组建了"中关村科技助老健康管理平台"。这是在我五年多的摸索中得到的启发。

一开始我们做大健康的时候，实际上把健康和医疗问题混淆了。后来发现，由于定位不同，问题依然得不到解决。健康管理是一个全体系的问题，只不过老人更需要而已。

为了检验平台上各种产品的功能，我的团队进入各个社区进行推广。不久就发现，养老问题并不是简单的健康管理的问题，而是个综合性的难题。老人最需要的首先是人文关怀，而健康问题往往和慢性病相关。

（2）暖老计划的启动

后来，我们提出了暖老计划，把养老问题往文化精神层面引导。

第一就是"暖心"，先解决交流的问题、思想的问题，想办法在文化生活方面让老人们多享受。为此，特意把清华大学的"老年大学"搬进社区，还与北京大学的健康大讲堂合作，甚至还赞助了社区中的微创投大赛，试图从各方面挖掘老人们的兴趣点。

老人们的文化生活多种多样，主要围绕唱歌、跳舞、组建模特队、做各种手工艺、摄影、练习书法、做美食、打太极等。

我在广东考察时，还遇到中山市的"家里网"——从老年人喜欢的广场舞入手，很快就把全市上百个社区喜欢跳广场舞的老年人组织起来，然后结合各个社区落地为"家里社区服务站"，深受老人们的喜欢。

所以说，社区中的养老工作绝对不是简单的"科技+健康"的问题。

文化生活解决之后，就要解决健康问题了。

暖老计划的第二大工程就是"暖身"工程。考虑如何用科技手段帮助老人，特别是有慢性病困扰的老人。我们身边有很多社区医院，但社区医院目前解决的大多是就近开药、打针、输液的问题。因为人员紧张，医务工作者还没有太多精力深入社区一线，挨家挨户解决困扰老人的问题。人力无法解决的事情就需要靠科技手段来解决。

2.大健康管理平台的意义

最重要的就是24小时健康监测。

朋友圈中时常有老人走失的消息，每次看到这样的寻人启事我都很心痛。事实上有太多的技术手段可以解决这个问题。无论是基于北斗卫星系统的防丢失卡，还是基于慢性病管理的健康手机，定位是最基本的功能。

我一个上海朋友的父母单独居住，因为父亲中了风，他就特别想每天看到家里的情况。"易关怀"就直接解决了这个问题。当然，24小时健康监测还有很多的功能，比如可以随时查看老人夜间的状态、各种健康指数，甚至上下床的情况、呼吸的情况，等等。

3.大健康管理平台推广中的问题和解决措施

大健康管理平台存在的最大问题是客户和用户完全错位。

社区用户一般是老年人，可是大多数老年人习惯省吃俭用，不愿意为自己的健康买单。实际上他们的子女才是客户，且基本都有这样的需求，可是他们往往没有机会看到这些产品。怎么办？

目前可以考虑分成两步走。

第一，落地到社区，建立社区健康服务站，很多共性的健康检测在社区服务站就能得到解决。同时社区服务站还是老人进行交流的场所，可能面积不大，但足够大家聚会、聊天、做些小活动。另外社区服务人员还会帮助老人做些其他的工作，就像"家里网"倡导的"家里事，家里办"，特别贴心。

第二，打破传统的价格束缚，根据老人的实际情况，进行定制化服务。打破卖硬件设备的传统做法，只需要交少量的服务费即可申请相关的服务，所需硬件设备交押金即可。

❖ 思考 ❖

大健康管理平台的意义是什么？发展中的困扰和解决措施是什么？

90　物联网的发展趋势如何

▶ 2019年全球物联网大会的主题为"寻找思考者"。思考是一种能力，唯有不断思考才能认清方向，找到出路。

第一，物联网产品之旅。多数企业的发展需要找到立足之地，而开发一些别人意想不到的产品是最容易想到的方法之一。物联网的产品之多，技术之复杂，可谓无法穷尽，很多企业都在这条路上轰然倒下，能存活下来的就迈过了第一道坎。最近的发展趋势是，在5G概念之下，实现低时延、大带宽、大容量。比如各种表类、智慧井盖等市政设施，还有智慧路灯、智慧消防等，都是巨大的市场。

第二，物联网集成平台之旅。当前，物联网最主要的项目还是集成项目。城市"大脑"、数据中台等类似新鲜的概念让人耳目一新。还有一个重要的趋势是围绕物联网平台建设的，就是按照中央经济工作会议上"将物联网作为新型基础设施建设"这个大战略进行布局。

第三，物联网的网络建设。物联网的建网之旅才刚刚开始，而且在5G的带动下，将有三到五年的大发展。关键问题是在网络基础设施建设上，企业自身的强项是什么。对于大多数中小企业而言，只要在边缘层及应用层上下功夫即可。从技术趋势上看，阿里巴巴、腾讯及广电5G的背后都隐藏着物联网建设的巨大潜力。

第四，核心竞争力是技术创新。在物联网领域，处处都存在技术创新的问题，但这也是机会所在。华为开发的鸿蒙系统不是简单的操作系统，是为物联网量身定制的。其实还有很多不错的同类产品，也许名气没有鸿蒙那么大，但是机会是给有准备的人的。

❖ 思考 ❖

未来，物联网将会如何发展？

后 记

再次翻开本书的时候，距离这些文章写成的时间已经过去了三年多，我并没有刻意去做新的修订。我想，不如让更多的读者去见证当时我的思考逻辑和对于物联网方方面面的认识。原汁原味比二次加工的营养会更丰富！

不难看出，很多当时对于这些问题的提出和解读，今天依然实用。尽管有些许的数字可能已发生变化，但是本质与核心原理并没有任何变化。

《物联网普及小百科》能够顺利出版，也要感谢我的团队对我的大力支持，特别是我的助理陈伟男帮我做了大量的基础资料整理工作。

物联网正迎来爆发的黄金期，越来越多的大众已经知道物联网，也开始关心物联网，还能说出"万物互联"等行话。这说明离物联网真正普及只有咫尺之遥了。

希望本书能够让更多的公众全面认识和理解物联网。当然，作为物联网行业多年的从业者，只是我的一家之言，仅供读者参考。书中难免会出现这样那样值得商榷的观点，因本人才疏学浅，欢迎大家批评指正。

愿我们在物联网之路上能够相遇！

祝物联网行业的从业者和创业者们早日成功！

王正伟

2021年4月于北京西城区北广大厦